复利效应

[美] 达伦·哈迪 | 著
(DARREN HARDY)

风君 | 译

中信出版集团 | 北京

图书在版编目（CIP）数据

复利效应 /（美）达伦·哈迪著；风君译. -- 北京：中信出版社, 2025.6（2025.10重印）-- ISBN 978-7-5217-7528-0

Ⅰ. B848.4-49

中国国家版本馆 CIP 数据核字第 20253DZ581 号

The Compound Effect by Darren Hardy
Copyright © 2010 by SUCCESS Media.
Published by agreement with Folio Literary Management, LLC, and The Grayhawk Agency Ltd.
Simplified Chinese translation copyright © 2025 by CITIC Press Corporation
ALL RIGHTS RESERVED
本书仅限中国大陆地区发行销售

复利效应
著者：　　［美］达伦·哈迪
译者：　　风君
出版发行：中信出版集团股份有限公司
　　　　　（北京市朝阳区东三环北路 27 号嘉铭中心　邮编 100020）
承印者：　三河市中晟雅豪印务有限公司

开本：880mm×1230mm 1/32　　印张：8.25　　字数：117 千字
版次：2025 年 6 月第 1 版　　　印次：2025 年 10 月第 8 次印刷
京权图字：01-2025-1579　　　　书号：ISBN 978-7-5217-7528-0
　　　　　　　　　　　　　　　　定价：44.00 元

版权所有·侵权必究
如有印刷、装订问题，本公司负责调换。
服务热线：400-600-8099
投稿邮箱：author@citicpub.com

本书献给：

我的父亲杰里·哈迪：他以身作则，
教会了我复利效应的原理。

我的导师吉姆·罗恩：他教会了我很多东西，
其中包括与那些真正在乎的人谈论对他们重要的事情。

目录

推荐序　成功是一门科学	III
关于十周年纪念版的说明	IX
引言	XIII
第 1 章　复利效应的实际运作	001
第 2 章　选择	029
第 3 章　习惯	077
第 4 章　势头	135
第 5 章　影响因素	171
第 6 章　加速	205
结语	231
致谢	239

推荐序
成功是一门科学

你对自己现在的生活满意吗？还是说你翻阅这本书是因为你正在寻求某种转变？我猜你之所以拿起这本书，是因为你的生活中至少有某个方面让你不满意。不管你信不信，这种不满意是件好事。这意味着你在寻找答案……意味着你已经准备好迎接成长。

大多数人认为改变和成长很难。但我相信，实现梦想和目标并不一定是个错综复杂或压力重重的过程。成功其实很简单。这本名为《复利效应》的书所基于的正是我在自己的生活和培训中使用的一个原则：你的决定塑造你的命运。日常生活中的小小决策，要么会让你迈向自己期望的人生，要么就会让你陷入灾难。事实上，正是这些最微小的决定塑造了我们的人生。从吃什么、在哪里工作，到与哪些人共度时光，再到如何度过每一天，每一个选择都塑造着你今天的生活方式，但更重要的是，它们影响着你之后的人生。你看，成功并不是要你做好5000件不同的事情；成功是把正确的事情做好5000次。这就是达伦·哈迪在这本书中为你提炼出来的成功所必需的关键原则，以及如何让它们成为你日常生活的一部分。这就是你实现长期成功的不二法门。

当你选择一个人，希望他帮助你度过一段过渡时期，帮助你实现你所期望的生活时，不要只听其言，更要观其行。因为人们嘴上说的是一回事，但他们的所作所为才是内心真实想法的表露。这正是我佩服达伦的地方，他从来言行一致、心口如一。他在书中分享的都是在他的生活中行之有效的经验，当然在我的生活中也是如此。

达伦和我都自小就下决心要掌控自己的人生。我们向那些已经过上我们所向往生活的人寻求答案，然后学以致用。我们都视吉姆·罗恩[1]为导师，这其实并不出人意料。吉姆是一位大师，他善于帮助人们理解通往真正成功的真理和法则。吉姆告诉我们，成功是一门科学。当然，成功对每个人的含义都是不同的，但成功的法则适用于所有人。俗话说，种瓜得瓜，种豆得豆。如果你不愿意付出，你就无法从生活中得到你想要的。如果你想要更多的爱，那就施与更多的爱。如果你想获得更大的成功，那就帮助他人达成更大的成功。当你学习并掌握了成功的科学，你所期许的成功自然也就水到渠成。

达伦·哈迪就是这一理念的生动证明。他言出必行。他在书中分享的，都是他和我在生活中身体力行的。他从简单而深刻的基本原理中提炼出成功的准则，并以此在24岁时年薪就突破了百万美元，又在27岁时创立了一家市值超过

---

[1] 吉姆·罗恩是美国企业家、作家和励志演讲家，被誉为个人发展领域的先驱。他以其深刻的见解和个人成长哲学影响了无数人。——译者注

5000万美元的公司。

达伦的一生堪称一个学习和研究成功课题的个人实验室。他把自己当作"小白鼠",测试了成千上万种不同的概念、资源和工具,经由自身的成败,分辨出哪些概念和策略是有价值的,而哪些只是在胡说八道。

在超过25年的时间里,我一直与达伦保持着密切联系,作为个人发展领域的领军人物,他与数百位顶级作家、演讲家和思想领袖有过密切合作。他培训过数以万计的创业者,为许多大公司提供咨询,亲自指导过数千名一流首席执行官和高效能人士,并从他们身上总结出什么是对成功真正有效,而什么又是无关宏旨的。

作为电视执行制片人和《成功》杂志的发行人,达伦一直立足于个人发展领域的核心。从理查德·布兰森到科林·鲍威尔,再到塞雷娜·威廉姆斯,他就众多成功话题采访了不少顶尖领袖人物，并深入挖掘他们的最佳观点，将其汇编归纳成一本书，甚至将我的一些观点也容纳其中。这是一部无所不包的、致力于对相关信息加以整理、筛选、消化、分析、总结、归类、分项的个人成就百科全书。他去芜存菁，聚焦于最重要的核心基本原理——那些你可以立即运用于生活之中，并产生可衡量、可持续结果的原理。

《复利效应》是一本实操手册，教你如何拥有这个系统，如何控制它、掌握它，并按照自己的需要和渴望来塑造它。一旦你做到了这一点，你将无往不利，无所不成。

正如我之前所说，在我自己的人生和职业生涯中，我运用了堪称该书核心的一个关键概念：你的决定塑造你的命运。未来是你自己创造的。你所做的选择，哪怕只是微不足道的日常决定，可能会将你带向自己所向往的生活，也可能会将你带向令人遗憾的结果。正是这些微小的决定塑造了你的人生轨迹。失之毫厘则谬以千里；彼时看似无足轻重的决定，可能会演变成如今的巨大错判。从吃什么、在哪里工作，到与哪些人相处，再到如何度过下午时光，每一个选择都会塑造你今天的生活方式，也会影响你日后的生活方式。不过好消息是，改变与否，都是你说了算。最初两毫米的误判会让你偏离人生轨道，但同样地，仅仅两毫米的调整也能让你重回正轨。诀窍在于找到相应的计划、指南和地图，告诉你前进的方向，告诉你到达的路径，以及如何坚持走在正确的道路上。

这本书就是一套详细而具体的行动计划。从现在开始，请让它激励你的期望，破除你的畏缩，点燃你的好奇心，为你的人生带来价值。请善用这一工具，将它作为指南，创造你向往的人生和成就。如果你这样做了，并且日复一日地坚持下去，我确信，你将会体味到最美好的人生。

活出热情吧！

安东尼·罗宾
创业家，作家，巅峰表现策略师

关于十周年
纪念版的说明

10年前（2010年），我出版了一本名为《复利效应》的书。我当时是《成功》杂志的发行人，这本书就是我的编辑定位宣言。成功的真相需要被还原，获得成功的过程应该用简洁明快的语言告诉读者。

当时我并不知道，这本书的影响将远超我的想象。它将成为一场全球运动的宣言，将高成就者团结在一起，坚定地致力于"日进一小步"的目标。

比登上《纽约时报》畅销书排行榜并在全球售出100多万册更有意义的是，我了解到成千上万的人不仅购买了本书（或买了多本），还将其传递给更多可以从书中获益的人。这产生了一种我从未想象过或计划过的病毒传播效应。

我经常在想，《复利效应》到底有什么魅力，能够激发人们向他人传播它的理念。我认为这是因为书中的原则是永恒的，它可以直白、简单、清晰地传达给任何人——无论其当前的地位、所在行业、种族或政治背景如何，只要他们渴望成为更好的自己。

无论是10年前还是50年后，本书中的观点都会与那些"卓尔不凡者"产生共鸣。无论我们周遭的世界发生多大的变化，人类面临的境况和我们内心的成长始终如一。

我相信，与10年前相比，今天的我们更需要《复利效应》，包括本版中新增加的内容和更新。我们正更频繁地受到耸人听闻的新闻媒体的狂轰滥炸，被社交媒体发出的喧嚣噪声所淹没，被那些自封的大师和他们的"速成"噱头所迷惑。但成功的基本原则从未改变。正如我的导师吉姆·罗恩所说，"要怀疑那些自称在'造古董'的人"。

如果你是《复利效应》的新读者，我希望这本书能成为你人生中的转折点。就像很多人一样，当你日后回首往事时会说："读了《复利效应》之后，我的生活从此不同。不信就看看我的收入、我的成功和我现在的生活吧！"

当你说这句话的时候，你已经可以笑傲人生，因为你已经完成了一份艰巨的工作，那就是点燃你生命中的"复利效应"，而火种就在你眼前的书页中。

我想让你知道，在通往更大成功的旅途中，你不再孤单。现在，我就在你身边，与我一道的还有一个志同道合的全球成功人士组成的社区,他们相互扶持,致力于成为更好的自己,永无止境。

怀着爱与敬意,
达伦

引言

这本书讲述的是成功以及成功的真谛。是时候有人直截了当地告诉你真相了：你被蒙在鼓里太久了。

成功没有灵丹妙药，没有秘方，也没有捷径。你不可能每天花两个小时上网就能年赚20万美元，也不可能通过"好莱坞减肥法"在一周内减掉15公斤。你不可能用一瓶面霜就抹去脸上20年的痕迹，也不可能用一颗小药丸来改善你的爱情生活，更不可能通过快速致富的计划获得持久成功。如果你能在你家附近的沃尔玛买到打包出售的成功、名誉、自尊、良好的人际关系，以及健康和幸福，那该多好啊！但这不过是痴心妄想罢了。

我们不断被越来越耸人听闻的话术所轰炸：发家致富、强身健体、变得更年轻、变得更性感……这些都不费吹灰之力，一夜之间就能达成，只需支付 39.95 美元，一次不行就付上三次。这些一再重复的营销话术扭曲了我们对成功真谛的认识，以至我们对成功所需的简单而深刻的基本准则视而不见。

对此，我已经倍感厌倦。我不会再坐视这些不计后果的纷乱信息让人们脱离生活正轨。我写这本书，就是帮助各位拨乱反正。我将帮助你们摒除杂音，把注意力集中到成功最重要的核心要素上。你可以立即实施本书中的练习和久经考验的成功法则，并以此为你的生活带来可衡量、可持续的成果。

我将教你如何利用复利效应的力量。这套系统一直作用于你的生活，无论其影响是好是坏。好好利用这个系统，你真的可以彻底改变你的人生。你应该听说过"有志者事竟成"这句话吧？这话不算错，但前提是你知道如何去做。本书就是教你如何掌握这个系统的操作手册。当你做到这一点，就能无往不利，心想事成。

那我又是如何知道复利效应是你获得最终成功的唯一途径的呢？首先，我将这些原则运用到了自己的生活中。虽然我不喜欢拍着胸脯自夸名利双收，但重要的是，你得知道我说的都是亲身经历。我提供给你的是活生生的证据，而不是照搬别人的理论。正如安东尼·罗宾在特别致辞中提到的，我在事业上取得了巨大的成功，而这是因为我坚持在生活中奉行本书提及的原则。

在过去的40年里，我一直在潜心研究成功案例和人类成就。我花费了数十万美元，检验了数以千计的想法、资源和理念。我的亲身经历证明，无论你学习什么，无论你采用何种策略，成功都是复利效应系统所产生的结果。

其次，在超过 25 年的时间里，我一直是成功媒体行业的核心策划人。我几乎采访过所有你能想到的受人尊敬的思想领袖、广受赞誉的演说家和畅销书作家。作为首席执行官和高效能人士的顾问，我培训和指导过成千上万的商业领袖。从所有这些案例研究中，我已经提炼出哪些方法有效，哪些方法无效。

再次，作为三家关注成功的电视网络的执行制片人和《成功》杂志的发行人，我的工作是审查、整理和提炼世界上最成功人士的想法、资源和履历，以决定哪些人应该出现在我们的电视节目中或杂志上。每个月我都会就众多成功主题采访六七位顶级专家，并深入挖掘他们的最佳创意。我几乎每天都在个人和商业成就的相关理念、信息和策略的海洋中遨游，从中寻觅有价值的信息。

我想说的是：当你对这个行业有了如此详尽的了解，并通过研究世界上最成功人士的教诲及其最佳实践而智周万物时，你就会理出一条惊人的清晰思路，隐于表象之下的基本真理会显露无遗。在看过、读过、听过这一切之后，我再也不会被"最新"的策略或自称实现了最新"科学突破"的虚假先知所蛊惑。没有人能再向我兜售噱头。我有了太多的参照，走过了太多的路，也明白了太多的道理。

这本书摒除了所有不必要的杂音、赘余和浮华，只讲述什么才是真正重要的。那什么才是真正重要而有效的呢？有几项基本原则，只要你能集中精力并加以掌握，就能以此构建运作系统，帮助你实现任何你渴望的目标，过上你向往的生活。这些原则是什么？本书就包含了六条基本原则，正是它们构成了复利效应系统。

在我们深入探讨之前，我要提出一个警告：赢得成功很难。这个过程费力沉闷，有时甚至枯燥乏味。要想在自己的领域名利双收，跻身世界前列，过程是缓慢而艰辛的。别误会我的意思，只要按照这些步骤去做，你就能立刻在生活中看到好的结果。但是，如果你厌恶工作、纪律和投入，那就坐回沙发，打开电视，把你的希望寄托在下一个电视购物广告或网络营销——那种兜售"只要你有一张大额信用卡，就能一夜暴富"的推销——上吧。

最重要的是，你早就已经知道成功所需的一切。你不需要再学习任何东西。如果我们需要的只是更多的信息，那么每个能上网的人都能坐拥豪宅，拥有八块腹肌，并过上幸福快乐的生活。你需要的不是新的信息，而是新的行动计划。现在，是时候展开新行动，培养新习惯了，这将使你远离阻碍，走向成功。事情就是这么简单。

让我们开始吧！

第1章
复利效应的实际运作

你听过"稳扎稳打方能制胜"这句话吗？或者至少听过龟兔赛跑的故事吧？女士们，先生们，我就是那只乌龟。给我足够的时间，我几乎可以在任何时候、任何比赛中击败任何人。为什么？不是因为我最优秀、最聪明或速度最快。我之所以会赢，是因为我已经养成了积极的习惯，而且在将这些习惯付诸实施时做到了始终如一。我是世界上最相信持之以恒的人。它是成功的终极因素，我自己就是一个活生生的例子，但对于那些努力奋斗的人来说，这也是最大的陷阱之一。大多数人不知道如何坚持下去，维持良好习惯。但我知道，这要感谢我的父亲。从本质上讲，他是为我点燃"复利效应"力量的第一位教练。

在我18个月大的时候，我的父母就离异了，父亲以单亲爸爸的身份把我抚养长大。他并不是那种温柔体贴的养育型父亲。他曾是一名大学橄榄球教练，总是鼓励我追求成功。

多亏了父亲，我每天早上6点钟都会被叫醒。不是被温柔地拍拍肩膀唤醒，甚至也不是因为闹铃声。我每天早上都是被铁器重复敲击车库水泥地面的声音吵醒的，车库就在我卧室旁边。我每天就像睡在与施工工地仅一墙之隔的地方。父亲在车库的墙上贴了一张巨大的标语，上面写着"不劳无获"几个大字。每天早上，他一边盯着这个标语，一边不知疲倦地做着老派大力士的锻炼动作——硬拉、挺举、弓步蹲和深蹲。无论刮风下雨还是烈日炎炎，他都穿着短裤和破旧的运动衫在车库锻炼，从未有过一天的间断。你甚至可以根据他的作息来确定时间。

我要做的家务活比管家和园丁加起来还多。放学回来，迎接我的总是一连串的指令：拔草、耙落叶、扫车库、除尘、吸地、洗碗——凡是你想得到的家务事，我都得做。你问做这么多会不会让我在学校的课业落后，这种情况我爸可不会容许，就这么简单。

我爸信奉的是"别找任何借口"。除非我真的上吐下泻、流血不止或者"伤可见骨"了，否则他决不允许我生病休学在家。"伤可见骨"这个词来自他的教练生涯。他的球员们都知道，除非受了重伤，否则他们是不被允许退出比赛的。有一次，他的四分卫要求下场。我爸说："除非你伤到露出骨头。"那名四分卫把护肩往后一拉，果然锁骨露了出来。就这样他才被允许下场。

我爸的核心理念之一是：无论你聪明与否，你都需要通过努力来弥补你在经验、技能、智识或先天能力方面的不足。即便你的竞争对手更聪明、更有天赋或更有经验，你只要比他们多付出三倍或四倍的努力，就仍然可以打败他们！无论遇到什么挑战，他都教我以勤补拙。比赛中罚球失误？那就每天练一千次罚球，坚持一个月。不擅长用左手运球？那就把右手绑在身后，每天左手运球三小时。数学成绩落后？那就沉下心来，请个家教，整个夏天恶补，直到学好为止。不要有任何借口。如果你不擅长某件事，那就加倍努力，用更加聪明的方式去学习。他自己也是说到做到，从一名橄榄球教练转型成为一名顶级销售员。在那以后，他成了主管，并最终拥有了自己的公司。

但我并没有从他那里得到很多指导。从一开始，我爸就让我们自己领悟。他非常注重个人责任感的培养，不会每晚都盯着我们做作业。我们需要自己交出成绩。如果你做到了，你就会受到表扬。如果取得了好成绩，爸爸就会带我们去普林斯冰激凌店，在那里你可以吃到"香蕉圣代"——六勺冰激凌加各种配料！我的兄弟姐妹们学习成绩不太好，所以很多时候他们也就没法去冰激凌店。能去得了冰激凌店在当时可是不小的奖赏,所以你得拼尽全力去赢得这项奖励。

父亲的以身作则为我树立了榜样。他是我的偶像,我希望他以我为荣。我也害怕令他失望。他的人生哲学是:做一个勇于说不的人;随大溜不会让你有出息,要做一个不同寻常、不落俗套的人(这也是我公司标语的灵感来源)。这就是我从不吸毒的原因。他从来没有在这件事上对我唠叨过,但我不想成为那个"因为别人都在吸毒所以我也跟着吸"的人。我不想让父亲失望。

多亏有这样一位父亲,我在 12 岁时做出的日程表就已经堪比最高效首席执行官的了。有时候,我也会哀叹抱怨,觉得自己的童年少了份童真(毕竟我还是个孩子!),但即便如此,我还是暗自庆幸自己比同学们更幸运。父亲在纪律和心态方面给了我一个很好的起步优势,让我学会了如何全心投入、认真负责地实现自己的目标。

现在父亲会和我开玩笑说，他把我培养成了一个对追求卓越过度上瘾的家伙。18 岁时，我就靠自己的生意挣到了六位数的收入。20 岁时，我在一个高档社区拥有了自己的房子。24 岁时，我的年收入已超过 100 万美元。27 岁时，我正式跻身百万富翁之列，事业营收超过 5000 万美元。如今，我拥有的金钱和资产足以让我全家无忧度过余生。

我父亲会说："有很多方法可以搞砸一个孩子的教育，但至少我的方法还不赖，你看起来做得很好。"

所以，虽然我承认我因此过于劳碌，以至于我对无所事事、活在当下的无聊，或者在沙滩椅上闲坐的悠闲姿态始终很陌生，但我仍由衷感激多年来我从父亲以及其他导师那里学到的成功技巧。

《复利效应》这本书揭示了我成功背后的"秘诀"。我是复利效应的忠实信徒，因为在父亲的鞭策下，我每天的生活都严格遵循这一效应，直至我再也无法以其他方式生活为止。

但如果你泯然众人，那你还不是一个复利效应的真正信徒。原因有很多，也完全可以理解。可能你没有接受过与我一样的指导，也没有像我父亲那样的榜样告诉你该怎么做。或者，你还没有体验过复利效应的回报。作为社会的一分子，我们被欺骗了。我们被商业营销催眠，它们让你相信你有问题（实际上这些问题并不存在），然后向你兜售"治愈"这些问题的速效方法。我们被社会同化，轻信电影和小说中的童话结局，却忽略了艰苦奋斗和坚持不懈的优秀传统价值观。

下面让我逐一分析你可能遇到的这些障碍吧。

你还没有体验过复利效应带来的回报

复利效应的原理是通过一系列明智的小选择获得巨大回报。

在我看来，这个过程最有趣的地方在于，尽管成效巨大，但在实施的过程中，这些步骤却并不显眼。无论你是用这种策略来改善健康状况、人际关系、财务状况，还是其他任何事情，一开始的变化都是非常细微，几乎难以察觉。这些微小的变化难以产生立竿见影的效果，不会让你大有斩获，也没有那种"看吧，我可没骗你"的立时显著回报。既如此，那又何必白费工夫呢？

大多数人都会被复利效应的这种简单性所蒙蔽。例如，他们在开始跑步第八天就半途而废了，因为他们仍然超重。或者，他们在初学六个月后不再练习钢琴，因为他们除了《小星星》这样的简单曲子什么都没学会。又或者，他们在几年后停止向个人退休储蓄账户供款，因为这样他们就可以花掉这些现金，而且这笔钱存了这么多年似乎也没有增加多少。

他们没有意识到的是，这些看似微不足道的小步骤，如果长期坚持下去，就会产生翻天覆地的变化。让我举几个例子。

明智的小选择 + 持之以恒 + 时间 = 翻天覆地的变化

神奇的一分钱

现在有一个选择，要么马上拿 300 万美元现金，要么拿 31 天内每天可价值翻倍的一分钱，你会选哪一个？如果你以前听过这种说法，你就会知道一分钱才是你应该做出的选择——你知道这是通往更多财富的路径。然而，为什么在现实中，人们很难相信那一分钱最终会生出更多的钱呢？因为要花更长的时间才能看到回报。接下来让我们仔细审视一下这个例子。

假设你接受了 300 万美元的固定现金，而你的朋友选择了一分钱路线。到第五天，你的朋友有 16 美分，而你手中的钱不变。第十天时，你的朋友有 5.12 美元，而你手中的钱依旧不变。这时你觉得你的朋友对自己的决定作何感想？反正你有几百万美元可供你尽情享受，所以你对自己的选择无比满意。

整整 20 天过去了，离翻倍结束只剩 11 天，选择一分钱的一方，只翻出了 5242.88 美元。他现在的自我感觉如何呢？尽管他做出了巨大的牺牲，采取了积极的行动，但他仍只有 5000 多美元，然而你有 300 万美元。可接下来，复利效应的无形魔力开始变得越来越明显。每天相同的小小算术增长，让一分钱最终翻倍到了 10737418.24 美元，是 300 万美元的三倍多。

在这个例子中，我们可以看到为什么持之以恒如此重要。在第 29 天，你的朋友的收入约 270 万美元，仍落后于你。直到这场总共为期 31 天比赛的第 30 天，他才以 530 万美元的成绩领先。而直到这场超级马拉松赛的最后一天，你的朋友才把你远远甩在了后面。

很少有事情能像一分钱复利所呈现的"钱滚钱的魔力"那样令人印象深刻。可令人惊叹的是，这种魔力广泛存在于你生活中的每个领域。

让我再举一个例子。

三个朋友

让我们以三个一起长大的小伙伴为例。他们住在同一个社区，各方面的能力相差无几。每个人的年薪都在 5 万美元左右。他们都结婚了，身体健康，体重正常，还都有一点"婚后发福"。

第一位朋友，我们姑且就叫他拉里吧，他一如既往地工作与生活。他很快乐，至少他是这么认为的，但偶尔也会抱怨一下，因为一切都一成不变。

第二位朋友叫斯科特，他开始做出一些看似不起眼的积极小改变。他开始每天阅读 10 页好书，在上下班途中听 30 分钟指导或励志的音频。斯科特希望自己的生活有所改变，但又不想为此大费周章。他最近开始收听《达伦每日》点播播客，并从最近一集中选择了一个想法在生活中实施。他打算每天从饮食中减少 125 卡路里的热量。这没什么大不了的。我们要做的无非是少吃一杯麦片，把一罐碳酸饮料换成一瓶气泡水，把三明治上的蛋黄酱换成芥末酱之类。这些都不难做到。他还开始每天多走几千步（不到 1 英里[1]）。没有什么惊天动地的壮举，也没有什么费力不讨好的事。任何人都能做到。但斯科特决心坚持这些选择，因为他知道，即使这些选择很简单，他也很容易受到诱惑以致半途而废。

1　1 英里约等于 1.61 千米。——编者注

第三位朋友布拉德则做出了一些糟糕的选择。他最近买了一台新的大屏幕电视,这样他就能看更多自己喜欢的节目了。他一直在试做他在美食网上看到的食谱——奶酪盅和甜点是他的最爱。哦,对了,他还在家里安装了一个吧台,每周多喝一杯酒精饮料。这并不是什么疯狂的行径,布拉德只是想多找点乐子,放松一下而已。

就这样5个月后,拉里、斯科特和布拉德之间没有明显的差异。斯科特继续每晚读一点书,并在上下班途中听音频。布拉德很享受生活,做的事情越来越少。拉里则一如既往,一成不变。尽管每个人都有自己的行为模式,但5个月的时间并不足以看出他们的情况有任何真正的退步或改善。事实上,如果你比较这三个人的体重,你会发现去掉小数点后的数值后,舍入误差可忽略不计。他们看起来别无二致。

10个月后,我们仍然看不出这三人的生活之间的明显差异。直到第18个月,这三个人的外观才有了细微的不同。

但在第 25 个月，我们开始看到真正可衡量的明显可见的差异。到了第 27 个月，差异变得巨大。到了第 31 个月，这种变化已令人吃惊。布拉德现在很胖，而斯科特却很苗条。通过每天减少 125 卡路里的热量，在 31 个月里，斯科特减掉了 15 公斤！

---

31 个月 = 940 天

940 天 × 125 卡路里 / 天 = 117500 卡路里

117500 卡路里 ÷ 每公斤（脂肪）7700 卡路里 = 15.26 公斤！

在同一时间段内，布拉德每天只多吃了 125 卡路里，体重却增加了 15 公斤。现在他比斯科特重了 30 公斤！但是，两人间的差异远不止体重。斯科特投入了近千个小时阅读好书和收听自我提升音频。通过将学到的新知识付诸实践，他获得了晋升和加薪。最重要的是，他的婚姻蒸蒸日上。布拉德呢？他工作不顺心，婚姻也岌岌可危。拉里呢？拉里几乎和两年半前一模一样，只是现在他对这种一成不变多

了几分不满。

复利效应的非凡力量就是这么简单。那些运用复利效应使自己获益者，与那些因同样的效应让自己遭殃者，两相对比，差距令人难以置信。它看起来很神奇，简直就像魔法或量子跃迁。31 个月（或 31 年）后，善用复利效应积极因素的人似乎是"一夜成功"。但实际上，他的巨大成功是对明智的小选择长期坚持不懈所产生的结果。

涟漪效应

我知道，上例的结果看起来很戏剧性。但事情远不止于此。现实情况是，即使是一个很小的变化也会产生重大影响，导致意想不到的涟漪效应。让我们把布拉德的一个坏习惯——更频繁地吃油腻的食物——放在显微镜下仔细检视一番，以更好地理解复利效应是如何以消极方式起作用的，又是如何产生影响他整个生活的涟漪效应的。

布拉德用从美食网学到的食谱做了一些松饼。他很自豪,他的家人也很喜欢,这似乎给周围的人都带来了附加价值。于是他开始经常做松饼(和其他甜食)。他喜欢自己烘焙的美食,吃的量自然也就多了那么一点,但不会多到让人注意到差别。然而,多吃的食物让布拉德晚上睡不好觉。他醒来时有点昏昏沉沉,这让他变得暴躁。暴躁和睡眠不足开始影响他的工作表现。他的工作效率降低了,因此得到了主管的负面反馈。一天结束时,他对自己的工作感到不满,精力也大不如前;回家的路似乎比以前更长,压力也更大。这一切都让他想吃更多的食物以求安慰——压力就是有这种作用。

精力的整体匮乏让布拉德不再像以前那样愿意和妻子一起散步。他压根儿提不起这个兴致。妻子很怀念两人相处的时光,并对他对自己日趋冷淡耿耿于怀。由于与妻子的共同活动减少,加之缺乏新鲜空气和锻炼,布拉德的内啡肽分泌减退,而内啡肽曾帮助他感到乐观和热情。因为变得不那么快乐，他开始找自己和别人的碴儿，不再赞美妻子。随着他自己的身体开始松垮发福，他变得不再自信，觉得自己不再有吸引力，也变得不再浪漫。

布拉德并没有意识到他面对妻子时提不起劲儿和日渐冷淡会对她造成什么影响。他只是觉得自己越来越不对劲儿。他开始沉迷于深夜电视节目，因为这样既轻松又能分散注意力。布拉德的妻子感觉到了他的疏远，开始抱怨，希望得到他的感情支持。当这一切都不起作用时，她开始在情感上退缩以保护自己。她很孤独，于是把精力都投入工作中，花更多的时间和闺蜜在一起，以弥补她在陪伴方面的空缺。男人们开始与她调情，这让她感觉自己再度有了魅力。当然，她始终没有背叛布拉德，但布拉德总觉得哪里不对。他没有认识到自己的错误选择和行为是他们之间问题的根源，反而怪罪起自己的妻子。

人们倾向于相信错在他人，而不是反躬内省，做出必要的改变来收拾自己造成的烂摊子，这在心理学是一个基本常识。在布拉德的案例中，他不知道要审视内心——《顶级厨师》之类的美食节目或他最喜欢的犯罪类节目中并没有提供自我提升或人际关系方面的建议。他没有想过，如果他读了他的朋友斯科特读过的那些有关个人成长的书，他可能就会学到改变消极习惯的方法。不幸的是，布拉德每天所做的微小选择形成的涟漪，却给他生活的方方面面带来了巨大的破坏。

当然，坚持减少卡路里摄入和增长智识的行为对斯科特产生了与布拉德完全相反的效果，他现在收获了丰厚的积极成果。这就是简单的日常纪律与简单的判断错误的重复所带来的差异。就是这么简单。只要持之以恒，历经时日，结果自会显现。更妙的是，这些结果是完全可以预测的。

复利效应是可以预测和衡量的，这真是个天大的好消息！你只需采取一系列的小步骤，长期坚持不懈，就能从根本上改善你的生活，这难道不令人欢欣鼓舞吗？这听起来难道不比为了做某事非得一鼓作气，大动干戈，结果只是把自己累得筋疲力尽，日后还得鼓足干劲再试一次（很可能还是不成功）来得容易吗？那些大费周章才能做出的改变，光是想想我就觉得累。但这就是一般人的行为模式。我们的社会规训让我们相信，只有付出巨大努力才能取得成功。见鬼，这是典型的美国风格！请看图1。

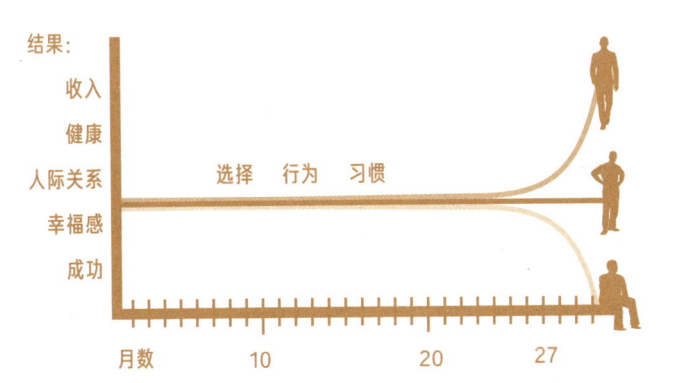

图1 复利效应的魅力在于其简洁性。注意图片左侧，初期成效不明显，但后来效果却大相径庭。各种行为在整个过程中并没有变化，但复利效应的神奇力量最终会带来巨大的结果差异。

老派的成功

复利效应最具挑战性的一点是，在我们开始看到回报之前，我们必须持续而有效地努力一段时间。我们的祖辈深知这一点，尽管他们并没有在晚上守在电视机前观看如何在 30 天内拥有纤细大腿或在六个月内成为房地产大王的资讯广告。在过去，大多数人每周工作六天，从日出工作到日落。成功的秘诀就是勤奋、自律和养成良好习惯——过去如此，现在也是如此。

有趣的是，财富往往隔代相传。过度的富足往往会招来懒散的心态，从而导致久坐不动的生活方式。富人的孩子尤其容易受到影响。他们并不是一开始就有着自律和相应的品格从而创造出财富的，所以他们可能对财富没有与上一代人相同的价值观念，也对保持财富的必要条件懵懂无知。我们经常在王室成员、电影明星和公司高管的子女身上看到这种"富二代"特权心态。其实现在这种心态无处不在，无论是孩子还是成人都不能幸免，只是比起前面那几类人程度较轻罢了。

作为一个国家，我们的全体国民似乎已不再欣赏强烈的敬业精神所蕴含的价值。整整三代甚至四代美国人生来便享受着巨大的繁荣、财富和安逸。我们对创造持久成功真正需要的东西——比如勇气、勤奋和毅力——已不再有殷切期望，因此这些要素大多被我们遗忘了。我们对先辈们的奋斗和拼搏失去了敬意。他们曾付出巨大努力来培养自律，锤炼品格，激发开拓精神。

真相便是，骄矜自满令所有伟大的帝国深受其累，埃及、希腊、罗马、西班牙、葡萄牙、法国和英国，莫不如此。为什么会这样？因为没有什么比成功更容易引发失败。曾经称霸一方的帝国之所以走向衰朽，原因就在于此。人们只要取得了一定程度的成功，就会过于安逸。

在经历了长期的繁荣、健康和富庶之后，我们也变得自满。我们不再像以前那样努力，而在过去，正是这份努力才让我们获得这些成果。我们变得像温水里的青蛙，没有为了自由而努力一跃，因为升温是如此缓慢和隐蔽，以至于青蛙没有注意到危险正在逼近！如果我们想成功，就必须重振祖辈们的敬业精神。

是时候重拾我们的品格了，即使不是为了拯救国家，至少也是为了你们自己获得更大的成功和成就。不要轻信神灯精灵之类的蛊惑。当然，你大可继续坐在沙发上，幻想着自己邮箱里收到大额支票，也可以弄些"能量晶石"或是火上行走这样的旁门左道，你可以去和号称两千岁的"大师"通灵，也可以反复诵经来给自己心理暗示，一切随你，但这些不过是商业骗局，试图利用你的弱点来操纵你罢了。

真正持久的成功需要努力——而且是大量的努力！

我有一个故事可以阐明"成功反而会招来失败"这个观点：

在我位于圣迭戈海滩的房子附近，新开了一家很棒的餐馆。一开始，这里总是一尘不染。老板娘对每个人都露出灿烂的笑容，服务无可挑剔（经理会亲自来到你的餐桌旁，确保你满意），食物也非常美味。很快，人们开始排队去那里用餐，常常要等一个多小时才能入座。

不幸的是，餐馆员工开始把餐馆的成功视为理所当然。老板娘变得高傲自大，服务人员变得邋遢粗鲁，食物质量也变得时好时坏。不到 18 个月，这家餐馆就倒闭了。他们因为成功而失败。或者说，是因为他们放弃了最初让他们取得成功的做法。成功的光环遮蔽了他们的双眼，于是他们懈怠了。

微波心态

理解了复利效应，你就能摆脱对"立竿见影"的期望——相信成功像你点的快餐、一小时速配眼镜、30 分钟的快冲照片、次日达的邮件、微波炉鸡蛋、热得快和短信一样快捷。这不切实际,好吗?

向自己保证,彻底放弃对彩票中奖一夜暴富的期望。让我们面对现实吧,你只听到"一个"彩票赢家的故事,而不曾听闻那数百万失败者的故事。你看到的那个人也许在拉斯维加斯的老虎机前手舞足蹈,也许在电视上拿着中奖支票,但你并没有看过同样的一个人输掉几百次时的丑态。

如果我们再回过头来看看数学上的中奖概率,同样,去掉小数点后的数字,我们的舍入误差为零——也就是说,你的中奖概率大约为零。哈佛大学心理学家丹尼尔·吉尔伯特是《撞上幸福》一书的作者,他说,如果我们给抽奖失败者每人 30 秒钟的时间,让他们在电视上宣布"我输了",而不是让那唯一中奖者宣布"我赢了",那么公布一次抽奖结果将需要近 9 年的时间!

当你了解了复利效应是如何起作用的，你就不会奢望速效配方或终南捷径了。不要自欺欺人，相信一个成功的运动员不通过千锤百炼便能轻易获得成功。他要起早贪黑地练习，并且在其他人都停止后还在继续。他要直面失败与孤独，品尝失望所带来的痛苦和挫折，并付出艰苦卓绝的努力。

我希望，在你读完本书时，甚至在读完之前，你便能深刻认识到，通往成功的唯一途径，就是一系列单调乏味、平淡无奇，有时甚至是困难重重的日常修炼，日积月累，水滴石穿。你也要知道，当你能让复利效应为你所用时，你就能实现梦寐以求的成功，过上向往的生活，活出精彩的人生。如果你善用这本书中概述的原则，你就能创造出童话般的结局！请看图 2。

我说得够清楚了吗？很好。在下一章中，我们将重点讨论左右你人生的一个因素。你所经历的每一次输赢成败都始于此；你现在所拥有或不曾拥有的一切，也都源于此。学会改变这一点,你就能改变人生。让我们一起来看看这到底是什么……

结果:
收入
健康
人际关系
幸福感
成功

选择　行为　习惯

图2 复利效应始终运行不殆。你可以选择让它为你所用,也可以忽略它,直到最终体验到这一强大法则带给你的负面影响。无论你在这张图上处于什么位置,都没有关系。从今天开始,你可以决定做出简单而积极的改变,让复利效应带你前往你所向往的境界。

让复利效应为你所用

简要行动步骤

● 写出你可能常常挂在嘴边的几个借口（例如，不够聪明、没有经验、成长环境不堪、没有受过教育等），并下定决心通过努力工作和个人发展来弥补这些不足，以超越任何人——包括以前的自己。

● 效法斯科特——写出你每天可以采取的6项看似不起眼的小步骤，这些步骤可以让你的生活朝着全新的积极方向发展。

● 不要像布拉德那样——写下你可以停止的看似无关紧要的行为，这些行为可能会使你的人生愈加糟糕。

● 列出你过去最成功的几个领域、技能或成果。思考一下，如果你将这些视为理所当然，而没有继续精益求精，那么这可能会导致你未来的失败。

第 2 章
选择

我们初来这世上时并无太大差别：赤身裸体、充满恐惧、什么也不懂。在这最初的入场之后，我们最终的人生不过是我们所做选择的累积。选择可以是我们最好的朋友，也可以是我们最大的敌人。它们可以带我们抵达目标终点，也可以把我们推向无尽的远方。

想想吧。你生命中的一切之所以存在，是因为你起初对某些事情做出了选择。你所得到的每一个结果都源于某种选择。每一个选择都会引发一种行为，久而久之就会成为一种习惯。如果选择不当，你可能会发现自己又回到了原点，被迫做出新的、往往更加艰难的选择。而如果根本不做选择，你实际上就是选择了被动地接受所遇到的一切。

从本质上讲，你做出选择，然后你的选择造就你。每一个决定，无论多么微不足道，都会改变你的人生轨迹——上不上大学，和谁结婚，开车前是不是喝上一杯，沉溺于流言蜚语还是保持沉默，再打一个推销电话还是就此收工，向爱人表达爱意还是无动于衷。每一个选择都会对你人生的复利效应产生影响。

本章讲述的是如何意识到并做出那些助你拥有更充实人生的有益选择。这听起来很复杂，其实超出你想象地简单。读完本章以后，你 99% 的选择将不再是无意识的。你的大部分日常习惯和传统都将不再是基于你体内本能的反应。你会开始自问（并能够回答）："我的行为中有多少不是我'自主投票'决定的？我每天都在做哪些无意识的选择？"

我曾采用同样的策略来提升我自己的生活和事业。只要你愿意效仿，再加上复利效应的加持，你就能够不再被那些消磨你的生活意志，并把你拉向错误方向的神秘傀儡线所摆布。你可以学会在误入歧途之前按下暂停键。每一次，你都会体验到做出决定时的那份自主意识，而正是这些决定会引导你养成对你有益的行为和习惯。

你最大的挑战并不是故意做出错误的选择。这很容易解决。你最大的挑战是，你在做出选择时形同梦游，甚至多半时间你都意识不到自己在做选择！我们的选择往往受到自身所处文化环境和所受教育的影响。它们可能与我们的日常行为和习惯纠缠在一起，以至于我们几乎无法加以控制。例如，你是否曾经在生活愉快、工作顺遂的时候，突然做了一个愚蠢的选择或一系列小选择，最终无缘无故地令你的努力付诸东流，再也提不起劲来？你并不想刻意和自己过不去，但由于没有深思熟虑，没有权衡风险和潜在结果，导致自己不得不面对意想不到的后果。这世上没有人想要变得肥胖、破产或离婚，但这些后果往往是（甚至总是）一系列微小而糟糕的选择累积造成的。

大象不咬人

你被大象咬过吗？蚊子呢？真正"咬人"的是生活中的小事。偶尔，我们也会看到一些重大错误会瞬间毁掉一个人的事业或声誉——美化战时故事的晚间新闻播报员、对员工发表种族主义言论的美国南方厨师、谎称在巴西参加奥运会时遭到抢劫的著名游泳运动员，还有与被定罪的恋童癖交好的王室王子，等等。显然，这些错误的选择会产生重大影响。但是我们在这里要谈的并不是那种巨大挫折或悲情时刻。

对于大多数人来说，经常做出的看似无关紧要的微小选择才是我们应当重视的。我说的正是那些你以为根本不会产生任何影响的决定。可正是这些小事不可避免地、可预见地妨碍了你的成功。无论它们是愚蠢的举动、无足轻重的行为，还是伪装成积极的选择（这些尤其危险），都会让你偏离正轨，只因为你对它们浑然不觉。对这些让你偏离正轨的小动作，你可能无暇顾及，可能一不留神就着了道，也可能毫无察觉。此时复利效应发挥了作用，没错。它总是会发挥作用的，还记得我们先前说的吗？但在这种情况下，它对你不利，因为你仍在梦游。

例如，你灌下了一整瓶碳酸饮料，干掉了一大包薯片，而直到你把最后一片薯片塞进嘴里，你才突然意识到你毁了一整天的健康饮食计划——你甚至都不饿。你窝在沙发里，浪费了两个小时看毫无意义的电视节目——算了，也不要设定得这么严，就当是在看教育纪录片吧——然后你才意识到，你还要准备一场重要的演讲以获得一个有价值的客户。又或者，你下意识地对你爱的人撒了一个谎，而告诉他真相本来没什么大不了。这是怎么回事？为什么会发生这些情况？

因为你不假思索就做出了选择。只要你是在无意识的情况下做出选择，你就无法有意识地选择改变那些无效行为，并将其转化为富有成效的习惯。是时候清醒过来，并做出自主选择了。

全年感恩节

指责别人很容易，不是吗？"我没有出人头地是因为我的无能上司。""要不是那个背后捅刀子的同事，我早就升职了。""我总是心情不好，因为我的孩子快把我逼疯了。"在恋爱关系中，我们尤其善于指责对方——要知道，每个人都认为对方才是需要改变的那个人。

几年前，我的一个朋友向我抱怨他的妻子。而据我观察，她是一位堪称出色的女士，他能拥有这样一位贤妻真该感到幸运。我跟他也是这么说的，但他继续对她横加指责，说他的各种不快乐都是拜她所赐。就在那时，我和他分享了一段真正改变了我自己婚姻的经历。

有一年感恩节，我决定为妻子写一本感恩日记。在一整年的时间里，我每天至少记录一件我欣赏她的事情，比如她与朋友互动的方式、她如何照顾我们的狗、她新铺的床铺、她做的丰盛饭菜，或者她当天漂亮的发型等。我留心寻找着妻子所做的那些让我感动的事情，或者是她身上透露出的我所欣赏的特质、特点或素养。我一整年都偷偷地把它们写下来。到那年年底，我写满了一整本日记。

当我在接下来的感恩节把这个礼物送给她时，她感动得热泪盈眶，说这是她收到过的最好的礼物。（甚至比我在她生日时送给她的宝马车还要好！）有趣的是，受到这份礼物影响最大的人是我而不是她。所有这些日记驱使我把注意力集中在妻子的积极方面。我有意识地寻找她做得"对"的地方。这种发自内心的关切压倒了我可能会对她有所抱怨的任何事情。我再次深深地爱上了她（也许比以前更爱，因为我看到了她性格和行为中的微妙之处，而不是那些浮于表面的特质）。我每天都用自己的心、用自己的眼睛去欣赏她、感激她,并努力发现她最好的一面。这让我在婚姻中以不同的方式示人,当然,这也让她以不同的方式回应我。很快,我在感恩日记里写下了更多的东西!只因我选择每天用 5 分钟左右的时间记录下我感激她的所有事情,我们经历了婚姻中最美好的时光,而且只会越来越好。

在我分享了我的经历之后,我的朋友也决定为他的妻子写一本感恩日记。在短短几个月时间里,他对自己婚姻的态度就完全改观了。他选择寻找并关注妻子的积极品质,这改变了他对妻子的看法,进而也改变了两人的互动方式。结果,他的妻子在回应他的方式上做出了不同的选择,并如此循环往复。或者,我们可以说,如此"复利倍增"。

百分之百责任感

我们都是白手起家的人,但只有成功者才会将此作为自己的谈资。我 18 岁那年在一次研讨会上接触到"个人责任"

的概念。从此以后，这个观念彻底改变了我的生活。即便你抛开这本书的其他内容，而只实践这一个观念，你的人生也会在两三年内发生巨大的变化，甚至于会让你的朋友和家人忘记"以前的你"是什么样子的。

在我 18 岁那年参加的那个研讨会上，演讲者问："在维持一段人际关系的过程中，你有多大比例的共同责任？"我当时年少轻狂，自以为对真爱之道了然于心。此类答案自然不在话下。

"50/50！"我脱口而出。这太显而易见了。双方必须愿意平均分担责任，否则就会有人占便宜。

"51/49。"有人喊道，他认为自己必须比对方多付出一点。毕竟人际关系不就是建立在自我牺牲和宽宏大度的基础上吗？

"80/20。"另一个人喊道。

演讲者转身走到白板架前,用黑色大字写下了"100/0"。他说:"你必须愿意百分之百地付出,而不期望得到任何回报。只有当你愿意为这段关系的成功承担百分之百的责任时,这段关系才会维持下去。否则,一段听天由命的关系到头来就是大难临头各自飞。"

哇哦,这可不是我意料中的答案!但我很快就明白了这个观念将如何改变我生活的方方面面。如果我始终对我所经历的一切负起百分之百的责任,对我的所有选择和我对发生在自己身上的一切事情的所有反应方式完全负责,我就拥有了力量。一切都取决于我。我对我所做的、没做的,以及如何回应别人对我做的一切,都全权负责。

我知道你会觉得,你当然要对自己的人生负责。"当然,我对自己的人生负责。"我所遇到过的人里,没人嘴上不这么说。但你再看看大多数人在这个世界上是如何做的吧，他们总是一副受害者心态，对别人妄加指责，推卸责任，总是期待别人或政府来解决他们的问题。如果你曾经因为迟到而责怪交通堵塞，或者把自己的坏心情归咎于你的孩子、配偶或同事，那么你就没有承担百分之百的个人责任。你开会迟到是因为有人在用打印机？可也许你不该傻等到最后一刻！是你的同事搞砸了你的演示？难道你不应该在演示前自己再检查一遍吗？和不讲理的孩子相处不来？实际上有无数精彩的书和课程可以帮助你学习如何处理此类问题。

只有你自己才能对自己做什么或不做什么负责，也只有你自己才能对别人对你所做的事情做出回应。这种自主心态彻底改变了我的生活。运气、环境或有利形势都不那么重要了。一切都取决于我。我可以自由翱翔，无拘无束。无论谁当选总统，无论经济多么不景气，无论谁说了什么、做了什么、没做什么，我始终百分之百地掌控着自己。通过将自己从过去、现在和未来的受害者心态中解放出来，我就如中了大奖一般。我拥有了掌控自己命运的无限力量。

变得幸运

也许你认为自己没能成功只是运气不好。但实际上，这只是另一个借口。变得富裕、快乐、健康与最终破产、抑郁、不健康之间的唯一区别在于你所做的选择。其他任何事情都无法改变这一切。关于运气：我们其实都很幸运。只要你还活在世上，拥有健康的身体，橱柜里还有一点食物，那你就是无比幸运的。每个人都有机会成为"幸运儿"，因为除了拥有基本的健康和温饱，运气可以仅仅归结为一系列的选择。

当我问理查德·布兰森，他是否觉得自己的成功可以部分归因于运气时，他回答说："是的，当然，我们都很幸运。如果你生活在一个自由的社会，你就是幸运的。幸运每天都围绕着我们；无论你是否意识到，幸运的事情时常发生在我们身上。我并不比其他人更幸运或更不幸。不同的是，当幸运降临在我身上时，我会抓住它。"

啊，这话听着确实是出自一个因智慧而被封爵的人之口。既然谈到了这个话题，我得说我们常听到的那句老话——运气是机遇与准备的结合——是不充分的。我认为，运气还有另外两个关键要素。

获得幸运的（完整）公式：

准备（个人成长）+

态度（信念/心态）+

机遇（好事临门）+

行动（做点什么）=

幸运

准备：坚持不懈地提升自己，让自己做好准备——无论是你的技能、知识、专长、人际关系，还是资源——这样你就有足够的能力在重大机遇出现时（运气"降临"时）对其加以利用。然后，正如著名歌手碧昂丝说过的一句名言："我不喜欢赌博，但如果有一样东西我愿意赌的话，那就是我自己。"

态度：这是大多数人与幸运失之交臂之处，而理查德爵士坚信幸运就在我们身边也源于此。问题仅仅在于，你是否将各种情况、对话和环境视为幸运。你看不到你不去寻找的东西，你也找不到你不相信的东西。

机遇：你也有可能创造自己的幸运，但我在这里所说的运气却不是事先计划好的，它要么来得更快，要么与预期不同。在公式的这一步，运气不是能勉强来的。它是一种自然现象，而且往往是自动出现的。

行动： 这就是你的切入点。无论你的好运是来自宇宙、上帝、幸运精灵，还是任何你认为会给你带来好运的人或物，现在你要做的就是去将好运转化为行动。这就是理查德·布兰森和约瑟夫·沃林顿的区别。约瑟夫是谁？没错，你从来没听说过这人。那是因为当幸运降临时，他没能把握住。

所以，不要再抱怨你的牌太烂，或总是把自己遭受的重大挫折挂在嘴边，或是其他类似情形。无数人的条件还不如你，遭遇的障碍比你更大，但他们却比你更富有、更有成就。运气是一个机会均等的分配器。幸运女神会眷顾所有人，但你必须仰望天空，而不是一叶障目。当幸运的光芒照下，全看你能否以身承载。除此之外，别无他法。

"艰难险阻大学"的高昂学费

21世纪初，我受邀成为一家新创企业的合伙人。我为这项业务投入了大量资金，并为之孜孜不倦地工作了近两年，到头来却发现我的合伙人管理不善，挥霍了所有现金。我损失了超过 33 万美元，但我没有起诉他。事实上，我后来因为个人原因借给了他更多的钱。最根本的一点是，投资失利是我自己的错。我同意成为他的合伙人，却没有对他的背景和个人品格做足够的尽职调查。在我们合作期间，我没有对自己的预判加以核查。我可以用"我信任他"来为自己辩解，但事实是，我犯了懒惰的毛病，没有勤于关注公司财务状况。我不仅做出了开始这段关系和事业的选择，还做出了对许多明显风险和警告信号视而不见的选择。因为我选择了不对生意负全责，所以到头来，我也要对结果负责。当我认识到这些错误行为时，我选择不再浪费时间纠结于此。相反，我舔了舔伤口，吸取教训，继续前进。事后看来，即使在今天我也会做出同样的选择，重新振作起来，再接再厉。

我现在向你提出挑战，要求你也这样做。无论在你身上发生了什么，无论是好是坏，是成是败，都要对它负全责，担起百分之百的责任。我的导师吉姆·罗恩说过："你从童年走向成年的那一天，就是你对自己的人生负起全部责任的那一天。"

今天是你的毕业日！从今天起，选择对自己的人生百分之百地负责。杜绝一切借口。接受这样一个事实：只要你对自己的选择承担个人责任，你就能获得自由选择的权利。

是时候做出选择，掌握主动权了。

你的秘密武器——计分卡

接下来，我将向你介绍我在个人发展过程中使用过的最佳策略之一。这个策略能帮助我掌控自己一天中所做的选择，让其他一切都水到渠成，并引导我的行为和行动去塑造我的习惯，令其安分守己，为我所用。

此时此刻，请选择你生活中最希望成功的一个领域。你希望银行账户里有更多的钱吗？你想拥有健美的身材吗？你想拥有参加铁人三项比赛的体能吗？或者你想与配偶或孩子建立更好的关系吗？无论是哪一种，先想象一下你当前在这方面所处的状况，然后再想象一下你想要达到的状态：更富有、更苗条、更快乐，随你怎么想。改变的第一步是意识。如果你想从你目前的位置到达你向往的地方，就必须先意识到那些可能让你偏离目的地的选择。唯有清醒认识你今天所做的每一个选择，你才能做出更明智的选择。

为了帮助你意识到自己的选择，我希望你能追踪并记下与你想要改善的领域相关的每一个行动。如果你决定摆脱债务，你就要追踪你从口袋里掏出的每一分钱。如果你决定减肥，你就要跟踪你吃进嘴里的每一样东西。如果你决定参加体育赛事训练，你就要记录你所走的每一步、你所做的每一次锻炼。只需随身携带一个小笔记本，随时放在口袋或包里，再加上一份书写工具。你要把这一切都写下来。每一天都要写，不要中断。没有借口，没有例外。就像老大哥在看着你一样，就像你每次忘记记录，我爸和我就会来逼你做一百个俯卧撑一样。

我知道，在一张小纸片上写下一些东西，这听起来并不算什么大事。但是，对自己的进步和失误进行追踪记录，正是我积累经验和教训的有效方式之一。这个过程会迫使你对自己的决定保持清醒的认识。但正如吉姆·罗恩所说，"那些做起来简单的事，要放弃也很简单"。这个方法的神奇之处不在于任务的复杂性，而在于反复做简单的事情足够长的时间，从而激发复利效应的奇迹。因此，不要忽视小事，因为正是这些小事，才让你生命中的大事成为可能。成功者与失败者最大的区别在于，成功者愿意做失败者不愿意做的事情。记住这句话。当你在一生中遇到困难、乏味或艰难的选择时，它会多次派上用场。

金钱陷阱

我自己也经历过困难,在我像个大傻瓜一样处理了自己的财务问题之后,我才以一种艰难的方式领悟到了追踪记录的力量。在我 20 岁出头的时候,当我靠着销售房地产赚了很多钱的时候,我遇到了我的会计。

他说:"你欠的税款远远超过 10 万美元。"

"什么?"我说,"我可没有那么多闲钱。"

"怎么没有呢?"他问道,"你赚了好几倍的钱。当然,你也预留了应该缴纳的税款吧。"

"显然,我没有。"我回道。

"钱都到哪里去了?"他问。

"我不知道。"我说,这种坦白让我顿时清醒过来。钱就像流水一样从我的指缝间流过,而我却浑然不觉!

然后,我的会计帮了我一个让我终身受用的大忙。

"孩子,"他看着我的眼睛说,"你得控制住你自己。这种情况我已经见过上百次了。你像个醉酒的傻瓜一样花钱,却不知道怎么算账。这太愚蠢了。赶快停下来。你现在真的有麻烦了。你必须赚更多的钱,只为偿还你之前欠的税,而这些钱又会让你欠下更多的税。再这样下去,你会用自己的钱包自掘财务坟墓。"

我立刻明白了他的意思。

我的会计让我这样做:在我裤子的后口袋里插一个小记事本,记下我 30 天内花的每一分钱。无论是买一套新西装的 1000 美元,还是给轮胎充气的 50 美分,都必须记在记事本上。哇,这种做法让我瞬间意识到,我正在做的许多不经意的选择,导致从我口袋里流出的钱越来越多。因为我必须记录每一笔花费,所以我会抵制购买一些东西,这样我就不用拿出记事本把它写在本子上了!

连续 30 天记录支出,让我培养出了一种新的意识,并在消费方面有了一套全新的选择和纪律。而且,由于意识和积极行为是相辅相成的,我发现自己总体上在花钱方面更具前瞻意识,为退休储蓄了更多的钱,找到了明显浪费之处,从而省下不少钱,并且有了更高的财商,也就是懂得了如何"操控金钱"。当我考虑花钱娱乐时,我会三思而后行。

这种记录支出的小举措,改变了我对自己与金钱关系的认识。事实上,它的效果非常好,我多次用它来改变其他行为。追踪记录是我解决一切问题的首选转变模式。多年来,我追踪过自己的饮食、运动量、提高某项技能所花的时间、打销售电话的数量,甚至与家人、朋友关系的改善情况。

它在这些领域获得的成果不亚于我通过记录支出而获得的财务警醒。

你买这本书，本质上就是花钱买我的意见和指导。因此在这一点上我会变得很严厉，坚持要求你至少追踪记录你的行为整整一周。这本书不是用来给你找乐子的，它是为了帮助你取得成果。而为了取得成果，你就必须采取行动。

你以前可能听说过记录的方法。事实上，你可能实践过自己版本的追踪记录。但我也敢打赌，你并没有坚持做到现在，对吗？我怎么知道的？因为你的生活并不像你期望的那样成功。你已经脱轨了。而追踪记录是让生活重回正轨的方法。

你知道拉斯维加斯的赌场是怎么赚这么多钱的吗？因为他们追踪每张赌桌的输赢，每个赢家的情况，时时刻刻，从不停息。为什么奥运教练能拿到高薪？因为他们追踪运动员的每一次锻炼、摄入的每一卡路里和每一种微量元素。所有赢家都是追踪者。现在，我希望你带着同样的目的追踪记录你的生活：让你的目标触手可及。

追踪记录是一项简单的实践。它之所以有效，是因为它能让你时刻意识到自己在想要改善的生活领域中所采取的行动。你会对由此观察到的自己的行为感到惊讶。如果你不去衡量某件事，就无法对其加以管理或改进。[1] 同样，除非你意识到自己的行为并对其负责，否则你就无法充分发挥你的才能、资源和能力。每一位职业运动员和他的教练都会追踪前者的每一次表现，甚至到巨细靡遗的程度。投球手对自己投出的每一球都了如指掌。高尔夫球手对他们的挥杆有更多的衡量标准。职业运动员知道如何根据他们所追踪的数据调整自己的表现。他们关注自己的记录，并做出相应的改变，因为他们知道，当他们的统计数据有所改

1　可以使用《复利效应实战手册》开始记录了！——编者注

善时，他们就能赢得更多的比赛，并赚取更多的代言费。

在任何时刻，我都希望你能清楚地知道自己做得怎么样。我要求你追踪记录自己，就好像你是一件有价值的商品。因为你就是。你想要配备我们之前说过的防止做傻事的系统吗？这就是了。所以，无论你是否认为自己已经意识到了自己的习惯（相信我，你没有！），我都要求你开始追踪。这样做将彻底改变你的生活，并最终改变你的生活方式。

慢慢来，放轻松

别慌，对于追踪，我们将以轻松愉快的节奏开始。只需追踪一个习惯一周就好。选择对你影响最大的习惯，这就是你的起点。一旦你开始收获复利效应带来的回报，你自然就会想把这种做法引入生活的其他领域。换句话说，到时候你会主动选择追踪更多。

假设你选择的类别是控制饮食，因为你想减肥。你的任务是写下所有吃进嘴里的东西，从晚餐的牛排、土豆和沙拉，到一天中的许多微小选择——休息室里的一小把椒盐脆饼、三明治上的第二片奶酪、"小分量"的糖果棒、开市客的样品、你去别人家里做客时主人给你斟满酒杯后多喝的那几口酒，别忘了还有饮料。这些东西的作用也是累积的，如果不加以记录，很容易被忽略或遗忘，因为它们看起来太微不足道了。再说一遍，仅仅把这些事情写下来听起来很简单，而且确实很简单，但前提是你必须去做。这就是为什么我要求你现在就承诺选择一个类别和一个开始日期。

我将于（　　年　　月　　日）开始追踪记录_____。

那么，合理恰当的追踪会是什么样的呢？它将是彻底的、有条不紊的，而且要坚持不懈、持续不断。每天，你都要在新页面顶部写上日期，然后开始记录。追踪第一周后会发生什么？你可能会大吃一惊。你会惊讶于有多少卡路里被你摄入，有多少小钱从你指缝里溜走，或是无端消磨了多少时间。你甚至从来不知道它们的存在，更不用说意识到它们已经消失无踪了。

现在，继续保持。你将在这一领域追踪记录三周。也许你已经发出"饶了我吧"之类的抱怨，因为你觉得麻烦，不想这么做。但相信我，一周后，你就会被效果深深震撼，以至于自愿再做两周。我敢保证如此。

为什么要连续三周？你一定听心理学家说过，一件事要坚持三周才能成为习惯。这不是一个精确的科学指标，但它是一个很好的衡量基准，而且对我很有效。所以，理想情况下，我希望你能坚持你的选择，跟踪你的行为 21 天。如果你拒绝，我并不会失去任何东西（见鬼，你搞砸的又不是我的腰围、心血管健康、银行存款或人际关系！）。但是，说真的，你读这本书是因为你想改变你的生活，对吗？我向你保证过，这需要徐徐图之，稳扎稳打，不是吗？坚持这一项行动并不容易，但简单可行。那就去做吧。

答应自己，从今天就开始。在接下来的三周里，请选择随身携带自己的小记事本，写下你选择记录的每一件事。

三周后会发生什么？你会从第一周时的震惊转为惊喜，因为你发现，仅仅是意识到自己的行为，就足以让你开始塑造它们。你会发现自己在问："我真的想要那块糖吗？我还得拿出我的笔记本把它写下来，这实在有点尴尬。"这样你就少摄入了 200 卡路里。每天拒绝那块糖，两个多星期后，你就能减掉 0.5 公斤体重！你会开始计算上班路上那杯 4 美元的咖啡，然后意识到：天哪！我在三周内花了 60 美元买咖啡！嘿，一年就是 1000 美元！或者，用复利计算，20 年就是 51833.79 美元！你真的需要停下来喝杯咖啡吗？请看图 3。

再说一遍？你是想确认每天花 4 美元喝咖啡的习惯会让你在 20 年内损失 51833.79 美元吗？是的，我就是这个意思。

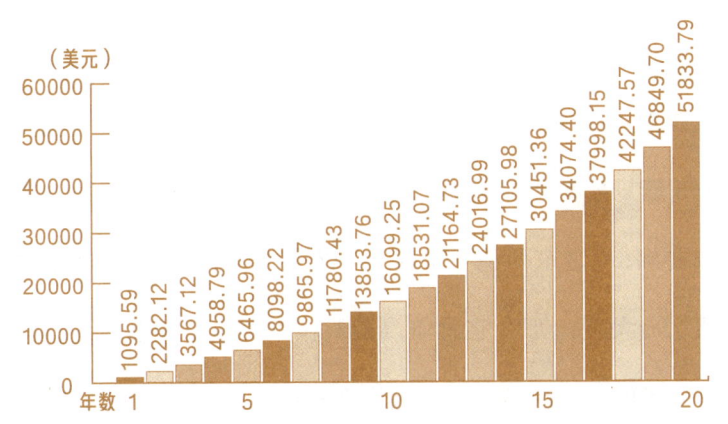

图 3 每天一杯 4 美元的咖啡，这个习惯持续 20 年，实际成本为 51833.79 美元，这就是复利效应的威力。

你知道吗，你今天花的每一美元，无论花在哪里，在短短 20 年内都会让你损失将近 5 美元（30 年后则损失 10 美元）。这是因为，如果你让一美元以 8% 的速度增值，20 年后，这一美元的价值将接近 5 美元。你今天每花一美元，就相当于从未来的口袋里掏出了 5 美元。

我曾经犯过一个错误，看着价格标签，就认为如果一件商品标价 50 美元，那我花的就是 50 美元。嗯，是的，以"当下"的美元计算也没错。但是，如果你考虑到同样的50美元在投资20年后的潜在价值，那么它的成本（你花掉这笔钱而不是用它来投资增值所造成的损失）就要比这高出4~5倍！换句话说，每当你看到一件50美元的物品时，你都要问："这东西值250美元吗？"如果今天它对你来说值250美元，那么它就值得购买。下次你去开市客这样的大卖场时，记住这一点，因为那里有各种琳琅满目的商品，而你都不知道自己是否必须拥有这些。你进去要买价值25美元的必需品，出来时却买了价值400美元的一大堆东西。下一次，当你走进那些廉价商店时，请从未来价值的角度来评估这些东西。你有可能会放下那台50美元的可丽饼机，这样"未来的你"银行里就会多出250美元。只要每天、每周都做出正确的选择，经年累月，你很快就能看到自己是如何变得财务充裕的。

当你带着这种意识进行追踪时，你会发现自己在生活中的表现将变得截然不同。你会扪心自问："每个工作日喝一次咖啡，值一辆奔驰车的最终价格吗？"因为这就是你的代价。更重要的是，你不再形同梦游。你意识到了，并且有意识地做出更好的选择。而这一切，只需要一支笔和一个小小的笔记本。太神奇了，不是吗？

默默无闻的英雄

一旦你开始追踪自己的生活，你的注意力就会聚焦于你做对的和做错的最微小事情上。随着时间的推移，当你选择坚持不懈地纠正哪怕是最微小的错误时，你就会开始看到惊人的成果。但是，不要指望马上就获得重大成果。我说的"微小"修正，是指那些真正细不可查的修正。很可能没有人会注意到它们。你不会收获掌声和赞美，也没有人会因为这些修正给你寄贺卡或颁奖杯。然而最终，它们的复利效应将带来非凡的回报。正是这些最细微的自律在历经时日后使你得到回报，这些平日里被忽略的努力和准备将助你取得巨大胜利，结出丰硕的成果。赛马中，一匹马以微弱优势获胜，却获得了高出其他马 10 倍的奖金。这匹马快了 10 倍吗？不是，只是快了一点点而已。但是，正是因为平时在赛道上多跑了几圈，马的营养多加了一点，或者骑师多付出了努力，成绩才会好那么一点点，但回报却是复利倍增式的。

经过数百场比赛和数千杆的统计，排名第一的高尔夫球手与排名第十的相比，平均差距仅有 0.32 杆，但奖金却相差一倍多（960 万美元对 460 万美元）！排名第一的球手的表现并没有高出对手 5 倍，甚至没有高出 50% 或 10%。事实上，他的平均成绩只比别人高 0.5%，但回报却翻了一番还多！请看图 4。

这就是集腋成裘的力量。最终发挥作用的不是大事，是成百上千、成千上万，乃至数以百万计的小事的累积，将平凡与非凡区分开来。要想赢别人一杆，就需要注意到无数的微小细节，而在你最终登顶的时候，这些小细节却无人提及。

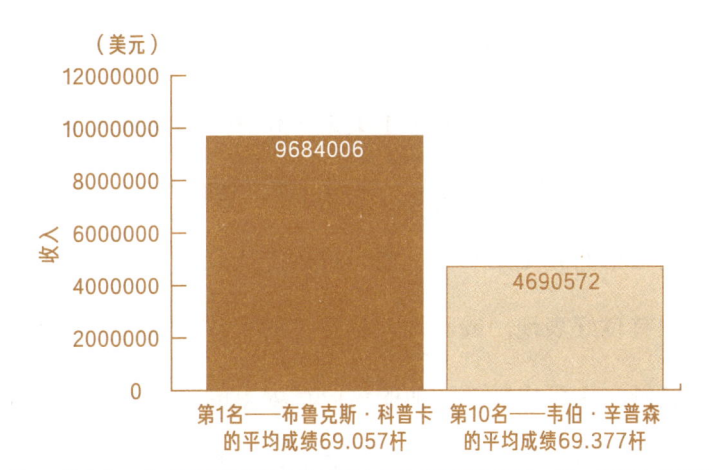

（美元）
12000000
10000000　9684006
8000000
收入 6000000
4000000　　　　　　　　4690572
2000000
0
　　第1名——布鲁克斯·科普卡　　第10名——韦伯·辛普森
　　　的平均成绩69.057杆　　　　　的平均成绩69.377杆

图4　排名第一的球手和排名第十的球手之间的差距平均不到一杆，但奖金却相差一倍多。这就是复利效应的威力。
资料来源：2019年PGA锦标赛排名。

让我再给你介绍几个追踪小变化可以带来巨大回报的方法。

随便走走

我曾经为一家年销售额超过1亿美元的大型公司的创始人兼首席执行官菲尔提供指导。菲尔的公司经营状况良好，但我发现他的组织文化中缺乏参与、信任和热情。我并没有对此感到太惊讶。原来，菲尔已经有 5 年多没有在他自己的公司大楼里转悠！他从未亲自与超过 80% 的员工交谈过！他和他的管理团队基本上生活在一个封闭茧房中。我要求菲尔只追踪一项变化：每周三次，他必须走出办公室，在大楼里四处走动一下。他的目标是找到至少三个他亲眼看到有良好表现，或听别人称赞过的人，给他们一些个人的表扬、认可或赞赏。他的这一行为上的小改变每周只需花费不到一个小时，但随着时间的推移却产生了巨大的影响。菲尔花时间表扬的员工开始加倍努力工作，以赢得他更多的赞赏。其他员工看到他们的努力得到了认可和赞赏，也开始有了更好的表现。

他们的新态度产生了涟漪效应，影响了与客户的互动，改善了客户对公司的体验，增加了回头客和转介绍业务，从而提高了每个员工的自豪感。在为期 18 个月的时间里，这一微小的改变彻底重塑了公司文化。在此期间，公司净利润增长了 30% 以上，而员工人数没有增加，市场营销方面的额外投资为零。这一切都是因为菲尔坚持不懈地迈出了看似微不足道的一小步。

摇钱树

多年前,我有一位出色的助理凯瑟琳。当时她的年薪是 4 万美元。在我的一次关于创业和财富积累的讲座上,她负责管理会场后面的登记台。第二周,她来到我的办公室跟我说:"我听你在讲座上说,要把所有收入的 10% 存起来。这主意听起来不错,但我不可能做到。这完全不现实!"她接着告诉我她所有的账单和财务负担。当她把所有的项目都列出来后,很明显,月底真的是一分钱都没有了。她说:"我需要加薪。"

"我为你做的会比加薪更好,"我告诉她,"我会教你如何致富。"虽然这不是她想要的答案,但她同意先听我怎么说。

我教凯瑟琳如何追踪记录自己的支出，她开始随身携带笔记本。我告诉她只用 33 美元（仅为现有月收入的 1%）开设一个独立的储蓄账户。然后，我教她如何在下个月少花 33 美元过日子——每周只需一天自己带午餐，而不是去楼下的熟食店点一份三明治、薯片和饮料套餐。第二个月，我让她只节省月薪的 2%（67 美元）。她通过更换有线电视订阅服务额外节省了 33 美元。下个月，我们又把这个存款额提高到 3%。她取消了《人物》杂志的订阅（是时候研究一下自己而非他人的生活了）。我让凯瑟琳不再每周去两次星巴克，而是买星巴克咖啡豆和其他花哨的配料，在办公室里自己煮咖啡（她越来越喜欢这样，我也是！）。

到那年年底，凯瑟琳每赚一美元就能存下 10%，而她的生活方式却没有受到明显的影响。她感到非常惊讶！这一条存钱纪律还对她生活中的许多其他纪律产生了涟漪效应。她计算了一下自己花在无聊娱乐上的钱，然后开始把这些钱投资在个人成长上。在用几百个小时的励志和教学内容哺育她的心灵后，她的创造力开始飙升。她给我带来了一些关于如何让我们的组织赚更多钱和省更多钱的想法。她向我提出了一个计划，如果我答应奖励她所有省钱数的 10% 和所有新收入数的 15%，她就会在业余时间实施这个计划。到了第二年年底，她的年收入超过了 10 万美元，而这还不包括她的 4 万美元底薪。凯瑟琳最终创办了自己的独立合同服务业务，并实现了腾飞。几年前，我在机场偶遇凯瑟琳。她现在年收入超过 25 万美元，储蓄和创造的资产超过 100 万美元——她是个百万富翁了！这一切都源于她选择迈出一小步，开始每月存下 33 美元！

时间就是一切

你越早开始做出微小的改变，复利效应就会对你越有利。假设你的朋友听从戴夫·拉姆齐[1]的建议，在 23 岁大学毕

---

[1] 美国财经作家、广播节目主持人、企业家，同时也是一位个人理财顾问。他最为人所知的是他的理财规划方法和个人财务管理建议。——译者注

业后找到第一份工作时，就开始每月向个人养老账户存入 250 美元。反观你自己，直到 40 岁才开始储蓄（或者你开始储蓄的时间更早一些，但因为没有注意到任何巨大的收益，所以就把养老账户里的钱都拿出来用了）。若按照每个月 8% 的复利增长计算，当你的朋友 40 岁时，他再也不用投资一美元了，到 67 岁时，他将拥有超过 100 万美元。

而你还要在 40 岁后继续每月投资 250 美元，直到你达到 67 岁（这是 1960 年后出生的人享受社会保障的正常退休年龄。这意味着你要存 27 年的钱，而他只需存 17 年）。当你准备退休时，你只有不到 30 万美元存款，而你比你朋友还多投资了 2.7 万美元。尽管你多储蓄了很多年，投资了更多的现金，但由于开始得更晚，你最终得到的钱仍然不到你本可以得到的钱的 1/3。这就是我们拖延和忽视必要的行为、习惯和纪律的后果。不要再拖了，开始执行你的小纪律吧，这将引领你朝着目标前进！请看图 5。

复利效应的的力量					
朋友			你		
年龄	年数	年底存款余额	年龄	年数	
23	1	3112.48	23	1	0
24	2	6483.30	24	2	0
25	3	10133.89	25	3	0
26	4	14087.48	26	4	0
27	5	18369.21	27	5	0
28	6	23006.33	28	6	0
29	7	28028.33	29	7	0
30	8	33467.15	30	8	0
31	9	39357.38	31	9	0
32	10	45736.51	32	10	0
33	11	52645.10	33	11	0
34	12	60127.10	34	12	0
35	13	68230.10	35	13	0
36	14	77005.64	36	14	0
37	15	86509.56	37	15	0
38	16	96802.29	38	16	0
39	17	107949.31	39	17	0
40	18	120021.53	40	18	0
41	19	129983.26	41	19	3112.48
42	20	140771.81	42	20	6483.30
43	21	152455.80	43	21	10133.89
44	22	165109.55	44	22	14087.48
45	23	178813.56	45	23	18369.21
46	24	193655.00	46	24	23006.33
47	25	209728.27	47	25	28028.33
48	26	227135.61	48	26	33467.15
49	27	245987.76	49	27	39357.38
50	28	266404.62	50	28	45736.51
51	29	288516.07	51	29	52645.10
52	30	312462.77	52	30	60127.10
53	31	338397.02	53	31	68230.10
54	32	366483.81	54	32	77005.64
55	33	396901.78	55	33	86509.56
56	34	429844.43	56	34	96802.29
57	35	465521.31	57	35	107949.31
58	36	504159.35	58	36	120021.53
59	37	546004.33	59	37	133095.74
60	38	591322.42	60	38	147255.10
61	39	640401.89	61	39	162589.69
62	40	693554.93	62	40	179197.03
63	41	751119.64	63	41	197182.78
64	42	813462.20	64	42	216661.33
65	43	880979.16	65	43	237756.60
66	44	954100.00	66	44	260602.76
67	45	1033289.83	67	45	285345.14

累计总额=
总投资金总额=   54000.00   81000.00

图 5

你是否在告诉自己，你已经开始得太晚了，已经远远落后，永远也赶不上了？这只是你脑海中盘桓不去的另一种陈词滥调罢了。是时候清理它了。要想从复利效应中获益，什么时候开始都不晚。假设你一直想弹钢琴，但觉得太晚了，因为你马上就要 40 岁了。那么，如果你从现在开始练习，到退休时，你就可以成为钢琴大师了，因为你已经弹了 25 年的钢琴！关键是现在就开始。每一个伟大的行动，每一次奇妙的冒险，都是从一小步开始的。第一步看起来总是比实际要难。

但如果 25 年似乎太长了呢？如果你只有 10 年的时间或耐心呢？博恩·崔西[1] 教会我如何将生活中的任何方面提高 1000%。不是 10%，甚至不是 100%，而是 1000%！让我为你概述一下他的方法。

---

[1] 美国知名演说家、企业家、教育家以及个人效能和专业发展领域的权威。他在成功学、潜能开发、销售策略及个人实力发挥等方面拥有丰富的经验和独到的见解。——译者注

你所要做的，就是在每个工作日将你自己、你的业绩、你的产出和收入提高 1% 的 1/10（你甚至可以在周末偷懒），也就是 1/1000。你认为你能做到吗？当然，任何人都能做到，这很简单。好的，只要一周中的每一天都这样做，你每周就能提高 0.5%，相当于每月提高 2%，按复利计算，每年就能提高 26%。现在你的收入每 2.9 年翻一番。到第 10 年，你的业绩和收入将比现在高出 1000%。这难道不令人惊叹吗？你不需要多付出 1000% 的努力，也不需要多工作 1000% 的时间，只需每天进步 1/1000。就是这么简单。

成功是一场（半程）马拉松

贝弗利是一家教育软件公司的销售人员，当时我正在为这家公司进行绩效重振。有一天，她告诉我她的朋友这个周末要跑半程马拉松。"我绝对不会做这种事，"明显超重的贝弗利向我信誓旦旦道，"我爬一段楼梯都会上气不接下气！"

"如果你愿意，你可以选择做你朋友正在做的事情。"我这样告诉她。她则犹豫迟疑道："绝对不可能，虽然我也很想这么做。"

我的第一步是帮助贝弗利找到动力。所以我问她："那么，贝弗利，你为什么想跑半程马拉松？"

"是这样，明年夏天，我的高中同学 20 周年聚会就要到了，我想让自己看起来美美的。但自从 5 年前生了第二个孩子后，我的体重增加了很多。我不知道自己该怎么办才好。"

就是这个！现在我们有了一个激励目标。但我还是谨慎行事。如果你曾经尝试过减肥，你可能知道那些减肥的套路：买一张昂贵的健身房会员卡，花一大笔钱请私人教练，添置新的健身器材，买漂亮的新运动服和运动鞋。兴致勃勃地猛练一周左右，然后你的椭圆机开始变成晾衣架，你也不再光顾健身房，任运动鞋在角落里发霉。我想对贝弗利尝试更好的方法。我知道，如果我能让她只选择一个新习惯，她就会入迷，而其他所有行为都会自然而然地跟上。

我让贝弗利开着车从她家出发，在附近街区画出一英里的环路。然后，我让她在两周内沿着这条环路步行三次。注意，我没有让她从跑一英里开始。相反，我先让她做一个简单的小运动，不需要太大的拉伸或经历太严重的肌肉酸痛。然后，我让她改为在一周内走三次环路，连续两周。她严格按我的要求做到了。

接下来，我让贝弗利开始慢跑，速度以她感觉舒服自在为宜。一旦她开始气喘吁吁，就停下来继续步行。我要求她这样做，直到她能跑 1/4 英里为止，然后是 1/2 英里，再然后是 3/4 英里。又过了三个星期——9 次外出——她才能慢跑 1 英里。总共 7 周后，她可以慢跑整个环路了。如此微小的进步，似乎花了太长时间，对吗？毕竟，半程马拉松可是长达 13.1 英里。1 英里实在不算什么。然而，贝弗利开始意识到，她为了同学聚会——她的"动力之源"（我很快就会在后文解释这一名词）——而健身的选择是如何促使她养成新的健康习惯的。复利效应已经启动，并开始了它神奇的过程。

然后，我让贝弗利每次外出时将跑步距离增加1/8英里（这一长度很难察觉，也许只增加了300步）。不到6个月，她就能一次跑9英里，而且没有任何不适。9个月后，她已能定期跑13.5英里（超过半程马拉松的距离），这已经成为她跑步日程的一部分。不过，更令人兴奋的是她生活中的其他方面发生的变化。贝弗利不再想吃巧克力（这是她一生的嗜好）和重口味的油腻食物。这些她都戒掉了。心血管锻炼和更好的饮食习惯让她感觉精力充沛，这也让她在工作中更有激情。同期，她的销售业绩翻了一番（这对我来说真是太好了！）。

正如我们在上一章中看到的，所有这些势头所产生的涟漪效应令她更有自尊，使她对丈夫更加深情关爱。他们之间的关系变得比刚刚大学毕业时更有激情。因为精力充沛，她与孩子们的互动也变得更加活泼和生动。她发现自己再也没有时间和那些狐朋狗友出去玩了，这些朋友下班后仍然聚在一起吃油腻的开胃菜配酒精饮料。她在加入的一个跑步俱乐部中结识了更"健康"的新朋友，这让她有了一系列积极的选择、行为和习惯。

在我们的那次谈话中，贝弗利找到了自己的动力之源，她承诺采取一系列小措施，之后她的体重减轻了近20公斤，成为一名可以为健美活力女性代言的"行走（和奔跑）着的广告牌"。如今，贝弗利参加了全程马拉松比赛！

你的人生便是你每时每刻所做选择的产物。电视节目《超级减肥王》的教练吉利安·麦克尔斯曾与我分享了一个令人印象深刻的童年故事："我小时候，妈妈会为我精心准备复活节彩蛋。我会在家里跑来跑去寻找彩蛋，当我接近藏起来的彩蛋时，她就会说，'哦，你变暖和了'。意思就是，你靠近彩蛋了。如果靠得更近，她就会说，'哦，你已经热得发烫了'。然后，当你离彩蛋越来越远，她又会说，'哦，你变冷了'，或者'你冻僵了'。我指导参赛选手，每时每刻我都要求他们把自己的幸福和终极目标想成是温暖的——他们当下所做的每一个选择和每一个决定，都会让他们更接近那个终极目标。"

既然你的成就都是你每时每刻的选择带来的，那么你就有了不可思议的力量，通过改变这些选择来改变你的生活。日复一日，循序渐进，你的选择将塑造你的行为，直到它们成为习惯，并通过实践固定下来。

输是一种习惯，赢也是如此。现在，让我们共同努力，把赢的习惯持久地灌输到你的生活中。改掉有害的习惯，培养你所需的积极习惯，你就能将人生带向任何你想要的方向，达到你所能想象的最高境界。让我告诉你如何做……

让复利效应为你所用

简要行动步骤

● 在你的生活中,哪个领域、哪个人或哪种情况最让你纠结?请开始写日记,记下在这种情况下你感激的所有方面。记录在该领域一切能让你增加感激之情的事情。

● 在你的生活中,有哪些领域你还没有对自己现在的成败负起百分之百的责任?写下你做过的三件搞砸的事情。列出三件你应该做却没有做的事情。写下三件发生在你身上但你却做出糟糕应对的事情。写下你现在就可以开始做的三件事,以重新获得你对生活的掌控权。

● 开始追踪记录你生活中想要改变和提升的一个领域中的至少一种行为(例如,金钱、营养、健身、认可他人、养育子女……任何领域都行)。

第 3 章
习惯

一位睿智的老师带着一位年轻的学生在森林里漫步,他们在一棵小树前停下了脚步。

老师指着一株刚从土里钻出来的幼苗对学生说:"把那株幼苗拔出来。"学生很轻松地就把它提了起来。老师又指着一棵已经有学生膝盖高的树苗说:"现在把那棵也拔起来。"男孩几乎没费什么力气,也把这棵树连根拔起。老师接着转向一棵长得更高的树,说道:"现在,是这棵。"这棵树和学生一样高。男孩费了九牛二虎之力,用找到的木棍和石头撬起牢固的树根，终于把树拔了出来。

"现在，"老师说，"我想让你把这棵树拔起来。"小男孩顺着老师的目光看去，他看到了一棵高大的橡树，几乎看不到树顶。他只能对老师说："对不起，我做不到。"

"我的孩子，你刚刚证明了习惯对你一生的影响力！"老师感叹道，"习惯越久，就越强大；扎根越深，就越难连根拔起。有些习惯会变得太过根深蒂固，让你甚至在尝试加以改变前就会望而却步。"

习惯生物

亚里士多德曾写道："我们不断重复的行为造就了我们。"《韦氏词典》是这样定义习惯的："一种后天习得的行为模式，几乎或完全是无意识的。"

有这样一个故事：一个人骑着马疾驰。他似乎要去一个非常重要的地方。一个站在路边的人喊道："你要去哪里？"骑马人回答说："我不知道。问马去！"这就是大多数人的生活面貌。他们骑着自己那匹名为"习惯"的马，却不知道自己要去往何方。现在，是时候掌控缰绳，让你的人生朝着你真正想去的方向前进了。

如果你一直在这种"自动驾驶"的状态下生活，任由你的习惯支配你，我希望你能了解为何会如此，也希望你能让自己摆脱这种困境。毕竟，与你有同样问题的人大有人在。心理学研究表明，我们的感觉、思维、行为和成就中，95%都是习惯养成的结果！当然，我们生来就有本能，但没有与生俱来的习惯。我们的习惯是长期养成的。从童年开始，我们就学会了一系列条件反射，这些条件反射让我们在大多数情况下都会自动做出（不假思索的）反应。

在日常生活中，"自动"的行为模式肯定有其积极意义。如果你必须有意识地思考每项普通任务的每一个步骤，比如做早餐、送孩子上学、上班等等，你的生活就会因无法面面俱到而陷入瘫痪。你可能每天刷两次牙，这种有规律的事交给"自动模式"去实施就行，这不需要什么哲学上的思辨，你自然而然就会这么做。比如坐到汽车座位上就系上安全带，也不必有多余的想法。我们的习惯和例行公事能让我们在日常工作中消耗最少的能量。它们帮助我们保持清醒，使我们能够以合理的方式处理大多数情况。而且，因为我们不必去想那些琐碎的事情，所以我们可以把精力集中在更有创造力和更丰富的想法上。习惯对我们是有帮助的——只要它们是好习惯。

如果你吃得健康，你很可能已经养成了在购买食物和餐馆点餐方面的健康习惯。如果你身材健美，那可能是因为你经常锻炼。如果你在销售方面取得成功，那可能是因为你养成了做好心理准备和积极自我对话的习惯，使你能够在面对拒绝时保持乐观。

我见过许多杰出成功人士、首席执行官和"超级明星",并与他们共事过,我可以告诉你,他们有一个共同点——他们都有好习惯。这并不是说他们没有坏习惯,他们确实也有,但并不多。我们中最成功的人与其他人的区别,就是前者的日常安排建立在良好习惯之上。这不是很能说得通吗?我们之前已经讨论过,成功人士并不一定比其他人更聪明或更有天赋,但是,他们的习惯会让他们变得更为明智、更有知识、更有能力、更有技巧,也更有准备。

小时候,我的父亲曾以拉里·伯德为例教我养成习惯。"大鸟伯德"被誉为最伟大的职业篮球运动员之一,但他并不是以最具运动天赋而闻名。没有人会用"优雅"来形容他在篮球场上的表现。然而,尽管他的运动天赋有限,他却带领波士顿凯尔特人队三次夺得 NBA 总冠军,且至今仍是有史以来最出色的球员之一。他是如何做到的?

成就拉里的是他的习惯——他持之以恒地练习,以不断提高自己的比赛水平。伯德是 NBA 历史上最稳定的罚球手之一。从小到大，他的习惯就是每天早上上学前练习 500 次罚球。凭借这种纪律性，他充分利用了上帝赋予他的有限才能，在球场上把一些最有天赋的球员打得落花流水。

就像拉里·伯德一样，你也可以调节自己的自动模式和无意识反应，使之与出类拔萃者拥有的模式无二。在本章中，我们要讲述的是选择用纪律、勤奋和良好习惯来弥补先天能力的不足，就是让自己养成冠军的习惯。

只要经过足够的练习和重复，任何行为，无论好坏，都会随着时间的推移而"习惯成自然"。这意味着，尽管我们的大多数习惯都是在无意识中养成的（以父母为榜样、对环境或文化关联做出反应或建立应对机制），但我们可以有意识地改变它们。从理论上来说，既然你自己的每一个习惯都是习得的，那么你也可以放弃那些对你不利的习惯。准备好了吗？那就开始吧……

从思想上摆脱即时满足的陷阱

我们都明白，猛吃果酱塔饼不会让我们的腰围变细。我们也明白，每晚花三个小时看网飞剧集或浏览社交媒体，会让我们少三个小时来读一本好书或听一段精彩的音频节目。我们"明白"，仅仅购买一双好的跑鞋并不能让我们为马拉松做好准备。我们是"理性"的物种——至少我们是这么告诉自己的。那么，为什么我们会如此非理性地被许多坏习惯所奴役呢？这是因为我们对即时满足的需求会让我们变成最被动、最不喜欢思考的动物。

如果你咬了一口巨无霸汉堡，就会马上因心脏病发作而抱胸倒在地上，你可能不会再去吃第二口。如果你吸下一口烟，你的脸立刻就变得像一个饱经风霜的85岁老人的脸一样，你很可能会戒烟。如果你今天没有打出第十个电话便会立即被解雇和破产，那么你大概不假思索就会拿起听筒拨打电话。如果吃一口蛋糕就会让你的体重瞬间增加20公斤，那么要你拒绝甜点就是小事一桩了。

问题是，坏习惯带来的"回报"或即时满足感往往远远超过你理性头脑中关于长期后果的预期。沉溺于坏习惯在当下似乎没有任何负面影响。你不会因为吃一口垃圾食品而心脏病发作，你的脸也不会因为吸一口烟而干瘪枯槁，你不会因为少打一个电话就立即加入失业大军，你的大腿也不会因为多吃一口蛋糕而变成大象腿。但这并不意味着你的行为没有激活复利效应。

是时候醒醒了！你必须认识到，你所沉迷的习惯可能会让你的生活陷入不幸的循环之中无法自拔。而只要对日常作息稍作调整，你就能极大地改变你的人生结果。再次重申，我说的不是量子跃迁式的巨变，也不是对你的个性、品质和生活进行彻底改造。只要一些微不足道、看似无足轻重的调整，就可以彻底改变一切。

为了强调微小调整所具有的力量，我可以举一个绝佳的例子：一架从洛杉矶飞往纽约的飞机。如果飞机的机头只偏离航线1%——当飞机停在洛杉矶的停机坪上时，这几乎是一个难以察觉的调整——那么它最终将偏离目的地约150英里，要么到达奥尔巴尼的北部，要么到达特拉华州的多佛。你的习惯也是如此。一个不良习惯在当下看来并不起眼，但最终却会让你远离你的目标和你所向往的生活。

大多数人在生活中随波逐流，从不曾有意识地投入大量精力去明确自己想要什么，以及需要做些什么才能实现这些目标。我想告诉你如何点燃你的激情，并帮助你将你的创造力瞄准你的梦想和渴望。要根除那些已经长成参天大树的坏习惯是一项艰巨的任务。要完成这一过程，需要比最不屈不挠的决心还要强大的力量。也就是说，单靠意志力是不行的。

找到你的动力之源

如果你以为只需意志力就能助你改变习惯,就好像试图用餐巾纸盖住野餐篮,以阻止饥饿的灰熊靠近你的野餐一样。要想战胜坏习惯这头巨熊,你需要更强大的力量。

当你在努力达成目标的艰苦工作中遇到困难时,你通常会认为,自己只是缺乏意志力。我并不同意这种观点。仅仅选择追求成功是不够的。是什么让你坚持做出新的积极选择?怎样才能让你不再染上无意识的坏习惯?这一次与你之前的尝试和失败有什么不同?但凡新模式让你有一丁点儿不舒适,你就会受到诱惑,走回以前自在惬意的老路上。

你曾经尝试过靠意志力来戒除恶习,但都失败了。你一次次下定决心,却一次次半途而废。上次你认为自己能减肥成功。去年你以为自己能打通所有的销售电话。可结果如何呢?让我们停止"愚蠢的意志力赌注",另辟蹊径,这样你就能得到不同的、更好的结果。

忘掉意志力吧。现在是倚重动力之源的时候了。只有当你将你的选择与你的渴望和梦想联系起来时，你的选择才有意义。最明智、最有动力的选择是那些与你的目标、核心自我和最高价值观相一致的选择。你必须想要某样东西，并且知道你为什么想要它，否则你会轻易中途放弃。

那么，你的动力之源是什么？如果你想显著改善自己的生活，就必须有一个理由。为了让你愿意做出必要的改变，你的动力之源必须是能极大激励你的理由。你必须想要站起来，走，走，走，走，走，一走就是好几年！那么，最能驱动你的是什么呢？找出你的动力之源至关重要。激励你的动力是你激情的火种，是你热情的源泉，也是你能够持之以恒的燃料。这一点如此重要，以至于我把它作为另一本书《最美好之年：一个实现大目标的成熟系统》的重点。你必须知道自己的动力之源是什么。

一切皆有可能？

你的动力之源，即你的动机中所蕴含的力量能让你即使遭遇艰苦、乏味和辛劳，也能坚持下去。除非你的动力足够强劲，否则所有的"怎么做"都毫无意义。在你的渴望和动机到位之前，你不会踏上任何一条改善生活的新途径。如果你的动力不够强大，如果你的承诺不够坚定，你就会像那些每年都下决心但又很快草草放弃的人一样，在错误的选择中重回梦游状态。让我打个比方来帮助你理解这一点。

如果我在地上放一块 25 厘米宽、约 10 米长的木板，然后说"如果你能沿着这块木板从一头走到另一头，我就给你 20 元钱"，你会做吗？当然，这 20 元钱很容易就能拿到，谁会说不呢？但是，如果我用同一块木板在两栋高楼之间架起一座悬空桥呢？为了同样的 20 元钱走完 10 米长的木板，看起来这么做不再值得，甚至不再可能，不是吗？你会瞪着我说："我永远都不会这么做！"

但是，如果你的孩子就在对面的大楼里，而那栋大楼着火了，你会走过悬空的木板去救他吗？毫无疑问，你会立即这样做，无论是否有 20 元的奖励。

为什么我第一次让你走过那块高悬的木板时，你断然拒绝，而到了第二次你就毫不犹豫了？两者带来的风险和危险是一样的。是什么改变了？是你的动力之源变了，即你想做这件事的理由变了。你看，当理由足够充分的时候，你会愿意做几乎任何事情。

要想真正点燃自己的创造潜能和内在动力，就必须超越金钱和物质目标的动机。我并不是说这些动机不好。事实上，它们很好。我对好东西向来都是欣赏的。但物质并不能真正调动你的灵魂和勇气去全身心地战斗，这种激情必然来自你内心的更深层次。而且，即使你获得了丰厚的物质奖励，你也无法获得真正的奖赏——幸福和自我实现。在我对巅峰表现专家安东尼·罗宾的采访中，他说："我见过一些商业大亨实现了他们的终极目标，但仍然生活在沮丧、担忧和恐惧之中。是什么阻碍了这些成功人士获得快乐？答案是他们只注重成就，而不注重自我实现。非凡的成就并不能保证非凡的快乐、幸福、爱和意义感。这两者相辅相成，我相信没有自我实现的成功是失败的。"

说得真好。这就是为什么仅仅选择成功是不够的。你必须挖掘更深层次的东西，找到你的核心动机，激活你的"超能力"。这就是你的动力之源。

核心动机

要找到动力之源，必由之路就是你的核心价值观，它决定了你的身份和立场。核心价值观是你内心的罗盘、你的指路明灯和个人专属导航系统。它就像一个过滤器，你可以通过它来过滤生活中的所有需求、请求和诱惑，确保它们能将你引向预定的目的地。明确你的核心价值观，并对其进行适当校准,是将你的人生重新引向最宏伟愿景的最重要步骤之一。

如果你还没有明确界定自己的价值观,你可能会发现自己做出的选择与你的期望相冲突。例如,如果诚实对你来说很重要,但你却和骗子混在一起,这就存在冲突。当你的行为与你的价值观相违背时,你就会变得不快乐、沮丧和郁郁寡欢。事实上,心理学家告诉我们,没有什么比我们的行动和行为与自身价值观不一致时产生的压力更大了。

界定自己的核心价值观还有助于让你的生活更简单、更高效。当你确定自己的核心价值观时,做决策也会变得更加容易。一旦我通过实践找出了自己的核心价值观,并将其归结为"成长"、"卓越"和"影响"这三大核心要素,那么无论是宏观层面还是微观层面的决策都会变得更加清晰、更有目的性。当面临选择时,问问自己:"这符合我的核心价值观吗?"如果符合,就去做;如果不符合,就不要做,也不要瞻前顾后。如此一来，所有的焦虑和犹豫不决都会被消除。

找个对手

人的动机要么是他们想要的东西，要么是他们不想要的东西。爱是一种强大的动力，但恨也是。与社会一般的"正确观念"相反，恨也可以是好事。比如憎恨疾病、憎恨不公、憎恨无知、憎恨自满等等。有时，认清敌人能点燃你的激情。我最大的动力、决心和坚毅，都源于我有一个敌人要与之战斗。在历史上，最具变革性的叙事和政治革命都源自与敌人的斗争。大卫对抗巨人歌利亚。美国在独立战争中对抗英国。天行者卢克对抗的是达斯·维德。洛奇对抗的则是阿波罗·克里德。二十几岁的年轻人对抗权威。百事可乐的对手是可口可乐。DC 的对手是漫威。至于泰勒·斯威夫特，对手则是坎耶·维斯特。这些例子不胜枚举，你能明白其中的道理就行。

敌人给了我们昂首挺胸的理由。战斗挑战你的技能、你的品格，以及你的决心。它迫使你评估和锻炼自己的才能。没有战斗的激励，我们会变得又胖又懒，我们会失去力量和目标。

我有一些辅导客户担心，他们的动力来自不那么崇高的目标。他们可能是为了证明反对者是错的，或是打那个说他们一事无成的人的脸，或是想打败竞争对手，抑或想最终超越总是压他们一头的兄弟姐妹。但其实，动机是什么并不重要（只要合法、合乎道德）。你不必事事出于伟大的人道主义动机而行动，重要的是你感到自己被充分激励。有时，强烈的负面情绪或经历更能帮助你创造出更震撼、更成功的结局。

历史上最著名的美式足球教练之一皮特·卡罗尔就是一个典型例子。皮特是这样向我解释他职业生涯早期的动机的："我十几岁的时候，就是个小豆丁。我什么都做不了，因为我太小了。我花了几年时间才具备了一定的竞争力。在那段时间里,我一直让自己相信,自己比别人强,我需要努力证明这一点。我很沮丧,因为我知道我可以成就不凡。"卡罗尔的拼搏精神最终成就了他的伟大。

在一次对著名演员安东尼·霍普金斯的采访中,我惊讶地发现,他非凡的才华和毅力源于愤怒。霍普金斯承认自己是个糟糕的学生,患有阅读障碍和注意缺陷多动障碍,而当时对这些病症还缺乏诊断方法,于是他被贴上了"问题儿童"的标签。

霍普金斯透露:"我让父母很担心。我前途渺茫,因为上学和接受教育很重要,但我似乎没有能力掌握那些教授给我的东西。我的表兄弟们都很出色。我很愤怒,被整个社会排斥,沮丧无比。"

霍普金斯成功驾驭了他的愤怒。起初,愤怒促使他奋力拼搏，争取在学业和体育之外取得成功。他发现自己在表演方面有一些天赋。于是，他把自己的愤怒转化为对表演艺术的执着追求。如今，霍普金斯被认为是在世的最伟大演员之一。由于名利双收，霍普金斯现在有能力帮助无数人从药物滥用中恢复过来，并且还支持环保事业。虽然起初他的事业并不源于"高尚"目标，但他的奋斗显然是值得的。

我们都可以做出有力的选择。我们都可以夺回人生的掌控权，不再把结果归咎于机会、命运或任何人。我们有能力创造改变。与其让过去的伤痛经历消磨我们的斗志、破坏我们的成功，不如利用它们来推动积极的、建设性的变革。

目标

正如我在前文中提到的，复利效应一直在起作用，它总会把你带往某处。问题就在于带往何处。你可以驾驭这股永不停歇的力量，让它带你扶摇直上。但你必须先知道自己想去哪里，你渴望什么样的目标、梦想和归宿。

当我参加我的另一位导师保罗·迈耶的葬礼时，我不禁想起了他丰富多彩的一生。他的成就、经历和贡献比几十个普通人加起来还要多。他的讣告让我重新评估了我为自己设定的目标的数量和规模。如果保罗还在，他会告诉我们："如果你没有取得你想取得和有能力取得的进步，那只是因为你没有明确界定目标。"保罗最令人难忘的名言之一提醒我们目标的重要性："只要你生动地想象、热切地渴望、真诚地相信，并热情地行动……这一切就必然会实现！"

我的人生之所以充实富足，最重要的一项技能就是学会如何有效地设定和实现目标。当你把自己的创造力组织起来，集中到一个明确的目标上时，一些近乎神奇的事情就会发生。我曾多次见证过这样的事发生：世界上成就最高者都是因为规划了自己的愿景而取得成功的。如果一个人的动力之源能够清晰明确、令人信服、炽热如火，那么他在

"如何做"的问题上甚至能击败那些最优秀的人。

目标设定是如何起作用的：揭开神秘"面纱"

你只会看到、经历并得到你所追寻的东西。如果你都不知道自己要追寻什么，那你肯定不会得到它们。就我们的本性而言，人类是追求目标的生物。我们的大脑总是试图将我们的外部世界与我们在内心世界中所想象和期望的事物相联系。所以，当你指示大脑去追寻你想要的东西时，你就会开始看到它们。事实上，你渴望的对象可能一直存在于你周围，但由于你的心灵依旧懵懂，你的眼睛仍被蒙蔽，以至于你无法"看到"它们。

实际上，这才是"吸引力法则"的真正运作方式。它并不像听起来那样神秘或像某种深奥的巫术。相反，它要简单、实用得多。

我们每天都被数以十亿计的感官（视觉、听觉、触觉）信息轰炸。为了不让自己陷入信息超载而发疯，我们忽略了其中的 99.9%，只看到、听到或体验那些我们的心智所关注的事情。这就是为什么当你"思考"某件事时，你似乎会奇迹般地把它带入自己的生活。实际上，你只是看到了早已存在的东西，真真切切把它"吸引"到你的生活中。在你的思想聚焦于这些事物，并引导你的心智去"看"之前，它对你而言并不存在，或者说，对你不可及。

我说得有道理吗？这一点也不神秘，其实很符合逻辑。现在，有了这种新的感知，无论你的内心在想什么，它都会把注意力集中在那个"什么"上，并突然从那 99.9% 的剩余意识空间里"看到"这个"什么"。

这里举一个老生常谈的例子（因为它太真实了！）。在选购新车的过程中，你会突然发现你看上的某款车型随处可见，对吗？好像昨天还很少见，今天突然间街上就多了起来。但这种感觉真实吗？当然不真实。那些车一直都在，只是你之前没有注意而已。因此，在你关注它们之前，它们对你来说并不真正"存在"。

当你明确界定自己的目标时，你的大脑就会有新的东西去寻找和关注，就好像你赋予了自己的心智一双新的眼睛，通过它来观察周围的人、环境、对话、资源、想法和创意。有了这个新的视角（一个内在的行程），你的大脑就会着手在外部匹配你内心最渴望的东西——你的目标。就是这么简单。明确目标后，你体验这个世界的方式，以及将想法、人和机会带入你生活的方式，都会发生深刻的变化。

在我对博恩·崔西的一次采访中，他是这样说的："顶尖人士有非常明确的目标。他们知道自己是谁，也知道自己想要什么。他们把目标写下来，并制订完成它们的计划。不成功的人则把他们的目标记在脑子里，就像弹珠在罐子里叮当作响一样。我们说一个没有写下来的目标只是一个幻想。每个人都有幻想，但这些幻想就像弹壳里没有火药的子弹。如果不把目标白纸黑字地写下来，你的生活就是在放空枪——写下目标，这就是你的起点。"

我建议你，今天就花点时间，列出你最重要的目标清单。我建议你考虑生活各个方面的目标，而不仅仅是事业或财务方面的目标。要警惕过度聚焦生活中的任何一个方面而忽略其他方面所带来的高昂代价。应该追求生活的全面成功——在对你来说重要的生活的各个方面取得平衡，包括事业、财务、健康和幸福、精神生活、家庭和人际关系，以及生活方式等。

你必须成为怎样的人

当大多数人着手实现新目标时，他们会问："好吧，我有了我的目标，现在我需要做些什么来实现它呢？"这不是一个糟糕的问题，但也不是需要首先回答的问题。我们首先应该自问的问题是:"为了实现目标,我需要成为什么样的人?"你可能认识一些人,他们似乎什么都做对了,但仍然没有取得他们想要的结果,对吗?为什么呢?吉姆·罗恩教我的一个原则是:"如果你想拥有更多,你就必须成为更多。成功不是你追求来的,你刻意追求的东西反而会无法企及,就像你试图追逐蝴蝶时一样。成功是你所成为的那个'人'所具备的特质吸引来的。"

当我领悟了这一哲理之后,它彻底改变了我的生活和个人成长。当我还单身,准备寻找我的伴侣并结婚时,我列出了一长串我心仪的完美女性(对我来说)的特质。我写满了40多页的日记,详细描述了她的个性、品格、主要特质、处世态度和人生哲学,甚至她来自什么样的家庭,包括她的文化背景和体形,连她的发质都没有遗漏。我巨细靡遗地描绘了我们的共同生活会是什么模样、我们在一起会做些什么。如果我只是简单地问"我要怎么做才能找到这个女孩?",我可能到现在还在追逐蝴蝶而不得吧。相反，我列出这些东西后，回过头来看这份清单，思考我自己是否也具备这些特质。我问自己："这样的女人会寻找什么样的男人？我要成为什么样的人，才能吸引这样的女人？"

于是我又写了 40 多页纸，描述了我成为自己所期望男性所需要的所有特质、品格、行为和态度。然后，我开始努力成为这样的人，让自己具备这些品质。你猜怎么着？我如愿以偿！我的妻子乔治娅就像从我的日记中跃然而出一样，出现在我的面前，她与我所描述和期望的简直一模一样，细节方面的一致性令人匪夷所思。因此，关键在于，我必须清楚自己应该成为什么样的人，才能吸引并留住像她这样优秀的女性，然后为实现这一目标而努力。

注意言行

好吧，接下来让我们描绘一下你实现既定目标的过程。这就是一个"做"的过程，或者在某些情况下，是一个"停止做"的过程。

横亘在你和你的目标之间的，是你的行为。你是否需要停止做些什么，以防相应的复利效应把你带入恶性循环？同样，你是否需要开始做些什么，来改变你当前的生活轨迹，使它朝着最有利的方向发展？换句话说，你的生活中需要减少和增加哪些习惯和行为？

你的人生可以归结为这个公式：

$$你 \rightarrow 选择 + 行为 + 习惯 + 复利效应 = 目标$$
$$（决定）（行动）（重复行动）（时间）$$

这就是为什么必须弄清哪些行为会阻碍你通往目标，而哪些行为会帮助你实现目标。

你可能认为你已经对自己所有的坏习惯了如指掌，但我敢打赌，你错了。同样，这就是为什么追踪记录是如此有效。老实说，你知道自己每天到底看了几个小时的电视吗？你花了多少时间收看新闻频道，或在体育或时尚网络上关注他人的目标和成就？你知道自己喝了多少罐汽水吗？或者你花了多少小时在电脑上做些非必要的"工作"，比如刷社交媒体？正如我在前一章中强调的，你的首要任务是意识到自己的行为方式。你在哪些地方浑浑噩噩，养成了无意识的坏习惯，导致你误入歧途？

不久前，我在一个非营利组织董事会中共事的一位成功高管聘请我指导他提高工作效率。他已经做得很不错了，但他知道，通过一些指导，他可以进一步优化自己的时间和产出。我让他对自己一周的活动进行追踪记录，结果我发现了一个我经常观察到的现象：他花了大量的时间看新闻，早上看报纸花了 45 分钟，通勤路上听新闻又花了 30 分钟，开车回家的路上又花了同样多的时间收听新闻。在工作日，他会多次在网上查看新闻更新，总共至少花 20 分钟。回家后，他会一边和家人闲聊，一边看 15 分钟的最新本地新闻。然后，他会在睡觉前看 30 分钟的体育新闻和 30 分钟的晚间新闻。他每天总共要花 3.5 个小时看新闻！这个人既不是经济学家，也不是大宗商品交易员，更没有从事什么"成败全赖最新消息"的职业。他花在报纸和广播电视新闻节目上的时间大大超出了他作为一个有见识的选民和对社会有贡献的一员所必需的时间，甚至超出了他为促进自己的个人兴趣所应花费的时间。事实上，他从节目选择（或者说，选择的欠缺）中获得的有价值信息很少。那么，他为什么要每天花近 4 个小时来收看这些节目呢？这纯粹是习惯。

因此，我建议他关掉电视和收音机，取消报纸订阅，建立一个单一的行业新闻汇集机制，这样他就可以只选择和接收他认为对自身业务和个人利益重要的新闻。通过这样做，他立马就屏蔽了 95% 的杂乱无章、耗费时间的噪声。现在，他每天只需不到 20 分钟的时间，就能查看所有与他自身有关的新闻。这样，早上的 45 分钟（他的通勤时间）和晚上的一个小时就可以用来进行富有成效的活动：锻炼、收听教学和励志音频、阅读、规划、准备以及与家人共度美好时光。他告诉我，他从未像现在这样轻松（持续接收负面新闻容易让人焦虑），也从未像现在这样有灵感、专注。一个小小的、简单的习惯改变，却带来了生活平衡和生产力的巨大飞跃！

如果你因为自己不是新闻成瘾者而没有对这个例子产生共鸣，让我们来看看下面这个例子。我相信你会对这个例子产生共鸣的，因为它影响了当今这个高度互联世界中的许多人（包括我自己！）。这是一种被心理学家称为"数字人格分裂"（digiphrenia）的现象，即一种由持续的数字输入轰炸所导致的精神状况。我在"疯狂生产力"课程中讨论了这一现象以及与这一恶习做斗争的重要性。

如今，过度使用技术的习惯已是司空见惯，以至于大多数人甚至没有意识到,这对我们保持专注、维持正轨和实现目标的能力造成了多大的破坏。利用网络上开放的门户,这个世界可以365天不间断地直接吸引我们的注意力,这是一个新的现实,而大多数人还没有想好如何妥善应对。我们设计的技术,其初衷是让生活更轻松、更高效,可结果却适得其反。技术是一项伟大的工具,但却是一个可怕的主人。而我们很快就沦为了它的奴隶。

"疯狂生产力"课程的一名学员塞尔吉奥这样解释道:"数字人格分裂对我的工作效率产生了很大影响。我从来没有意识到它占用了我一天中的多少时间。最糟糕的是,我并没有一种简单的方法来跟踪我使用手机的频率和时间。最后,我安装了一个应用程序,可以追踪手机屏幕亮屏的时间。然后我震惊地发现,我每天要花4~5个小时在我的设备上,每天要查看手机近150次。"

另一位"疯狂生产力"课程的学员皮特说:"我以为我的行

为很正常，但我的手机和电脑主宰了我的生活。我每隔几分钟就看一次邮件（包括睡觉前和醒来的时候）、发短信，一个小时看几次新闻，检查我家的情况（温度如何，门是否上锁），凡此种种。这些干扰对我与客户和家人的互动产生了负面影响。我的多台电脑显示器上至少有 5 个应用程序一直打开 / 运行。即使在打电话时，我也会查看 RSS（简易信息聚合）订阅、购物，并阅读、回复电子邮件。"

我很高兴地告诉大家，塞尔吉奥和皮特作为我们 35000 多名学员中的两位，都重新获得了对自己所用技术的掌控权，并就此与数字人格分裂说再见了。就像高容量低营养的食物会让身体发胖一样，高容量低营养的信息也会让脑袋爆炸。如果让技术分散太多注意力，最终就会患上"精神糖尿病"。

好了，现在轮到你了。拿出你的小本子，写下你的三大目标。请列出可能会阻碍你在每个领域取得进步的坏习惯，务必把每个坏习惯都写下来。

习惯和行为永远不会说谎。如果你言行不一，我只会相信，因为真正代表你的是你的行为。如果你告诉我你想要健康，但你的手指上却沾满了多力多滋薯片的碎屑，那么我就会相信这些碎屑而不是你的言语。如果你说自我提升是首要任务，但你花在 Xbox 游戏机上的时间比花在图书馆的时间还多，那我就会相信 Xbox 代表的事实。如果你说你是一个尽职尽责的专业人士，但你却总是迟到早退，对工作毫无准备，那么你的行为每次都会暴露你的真实。你说家人是你的头等大事，但如果他们在你繁忙的日程表上不见踪影，那么显然他们并不是你的头等大事。看看你刚刚列出的坏习惯清单。这才是你的真实面目。现在，你可以决定，有这些习惯是否对你无所谓，还是说你想要改变。下一步，把你需要养成的所有好习惯——那些假以时日并配合复利效应，能使你漂亮地实现自己目标的习惯——添加到这份清单中。

列出这份清单并不是要让你在批评和后悔中浪费精力，而是要清醒地审视自己想要改进之处。不过，我不会让你就此打住的。让我们把那些坏习惯连根拔起，并在它们原先占据的位置上培养出新的、积极的、健康的习惯。

改变游戏规则：根除坏习惯的 5 种策略

你的习惯是后天习得的。因此，它们也是可以戒除的。如果你想让自己的人生之船驶向新的方向，你必须首先拔起那些一直拖累你的坏习惯之锚。关键是要让你的动力变得足够强大，以压倒你获得即时满足的冲动。为此，你需要一个新的游戏规则。以下是我最喜欢的改变游戏规则的策略：

找出你的触发因素

查看你的坏习惯清单。针对你写下的每一个坏习惯，找出

触发它的因素。厘清我所说的"四大要素",即每种不良行为背后的"谁""什么""何处""何时"。例如:

- 当你和某些人在一起时,你是否更容易喝醉?
- 一天中是否有某个特定的时间段,你非吃点甜食不可?
- 什么情绪容易引发你最糟糕的习惯——压力、疲劳、愤怒、紧张、无聊?
- 你在什么时候会体验到这些情绪?是和谁在一起时?是在哪个地方,还是在做什么的时候?
- 什么情况会让你的坏习惯浮现——坐进车子后?绩效考核前?拜访你的姻亲时?参加会议时?在社交场合?感到不安全时?还是面临最后期限时?
- 仔细看看你的作息时间。起床后,你通常会说什么?喝咖啡或午休时呢?忙了一天回到家时呢?

现在写下你的触发因素。仅这一个简单的动作就能成倍地提高你的意识。当然,这还没有结束,因为如前所述,提高对坏习惯的认识还不足以改掉它。

"打扫房间"

开始清理吧。我指的"清理",既是字面意思,也是隐喻。如果你想戒酒,那就把家里的每一滴酒都倒掉。扔掉酒杯,扔掉你喝酒时使用的任何花哨的器皿或小玩意儿,还有那些装饰用的橄榄。如果你想晚上不再看那么多电视,那就取消所有的有线电视、网飞和其他订阅服务。如果你想控制消费,那就花一个晚上的时间,取消所有送进你邮箱或收件箱的商品目录或零售优惠广告,这样你甚至不需要额外把它们从前门扔到回收站。如果你想吃得更健康,那就把橱柜里的垃圾食品清理干净,停止购买垃圾食品,不要再争论因为自己不想吃垃圾食品,就不让家里其他人吃垃圾食品的做法是不是"不公平"了。没有垃圾食品,家里的每个人都会过得更好。不要把它带进家里,就这样。改掉任何让你养成坏习惯的东西。

改变习惯

再看看你的坏习惯清单。如何改变它们,使其不再有害?你能用更健康的习惯取而代之,或者完全戒掉它们,永除后患吗?

认识我的人都知道,我喜欢在饭后吃点甜食。如果家里有冰激凌,那我的饭后甜食就会变成三层香蕉刨冰(其热量为 1255 卡路里)。后来,我用两块好时之吻巧克力(其热量为 50 卡路里)代替了这个坏习惯。最近几年,我更进一步,用自制的吉利丁加鲜奶油(而不是商店里买的那种加满糖的东西)来犒劳自己。这样,我既能满足对甜食的渴望,又不用在跑步机上多花一个小时来消耗多摄入的热量。

我的弟媳曾养成边看电视边吃又脆又咸的垃圾食品的习惯。她会嘎吱嘎吱地吃掉一整袋玉米片,却几乎不知道自己在吃什么。后来她意识到,她真正喜欢的是嘴里嘎嘣脆的感觉。她决定用咬胡萝卜条、芹菜条和生西兰花茎来代替这个坏习惯。她获得了同样的愉悦感，同时还达到了美国食品药品监督管理局（FDA）推荐的蔬菜摄入量。

我以前的一个员工有每天喝 8~10 杯健怡可乐的习惯（这是个坏习惯！）。我建议他用低钠碳酸水代替，并加入新鲜柠檬、青柠或橙子。他这样做了大约一个月，然后意识到自己根本不需要碳酸饮料，于是改喝白开水。

尝试一下，看看你可以替代、删除或换掉哪些行为。

循序渐进

我住的地方离太平洋很近。每次要下水时，我都会先让脚踝适应一下水温，然后走到海水及膝的位置，接着是腰部和胸部，最后才全身没入水中。有些人会一路小跑直接跳进水里，这对他们来说可能很好，但我不行，我喜欢慢慢地进入（可能是我童年的创伤后遗症，你会在下一个策略中看到这一点）。对于一些长期存在、根深蒂固的习惯，采取步步为营的方式来慢慢消除它们可能会更有效。你可能已经花了几十年的时间来重复、巩固和强化这些习惯，所以，同样给自己一些时间来一步一步地摆脱它们，这可能是明智之举。

几年前，我妻子的医生要求她在几个月内停止摄入咖啡因。我们都喜欢喝咖啡，如果她要为此受苦，我想我们一起受苦才公平。我们一开始先采取了对半开策略——50%的脱咖啡因咖啡和50%的常规咖啡，持续一周；然后再喝一周100%不含咖啡因的咖啡；然后是一周无咖啡因的伯爵茶；然后是无咖啡因的绿茶。我们花了一个月的时间才达成戒除咖啡因的目标，但我们丝毫没有受到咖啡因戒断的痛苦影响——没有头痛，没有困倦，没有脑雾，什么都没有。然而，如果我们当时采取的策略是立即戒掉、碰都不碰……嗯，我一想到这就不寒而栗。

一次搞定

并不是每个人都是这样循序渐进的。一些研究人员发现，如果人们同时改掉许多坏习惯，那么改变生活方式可能会更容易。例如，心脏病学先驱迪恩·奥尼什博士发现，他可以通过改变生活方式，在不需要药物或手术的情况下，逆转人们的晚期心脏病。他发现，这些人往往更容易一次性告别几乎所有的坏习惯。他让他们参加了一个训练课程，在那里他用低脂肪的饮食代替了他们原先的高脂肪和高胆固醇的食物。该项目包括锻炼——让他们不再做沙发土豆，并进行散步或慢跑——以及减压技巧和其他有益心脏健康的习惯。令人惊讶的是，在不到一个月的时间里，这些病人学会了放弃抱守一生的坏习惯，并接受新的习惯——一年后，他们的健康状况得到了显著改善。就我个人而言，我认为这是例外，而不是常规，但你必须找出最适合你的策略。

小时候，我们一家曾在一个鲜为人知的地方露营，那里有个罗林斯湖。这个湖距离加州的内华达山脉不远，水源来自太浩湖山顶融化的冰川，湖水冷得令人发指。在那里的每一天，我父亲都坚持让我在这个湖里滑水。整整一天，我都会默默焦虑，生怕被叫去滑水。我喜欢滑水，我只是讨厌下水的那一刻。这有点利益冲突，因为当然，两者是分不开的。

父亲纪律严明，确保我永远不会错过我的每次机会，有时甚至亲自把我扔进水里。在经历了十几秒体温骤降的痛苦之后，我开始觉得湖水让我神清气爽、精神焕发。实际上，我对下水的预期心理比跳进水里的实际经历要糟糕得多。一旦我的身体适应了，滑水就变成一种享受。然而，我每次都要经历这种恐惧和解脱的循环。

这种经历与我妈妈突然放弃或改变一个坏习惯时的遭遇并无二致。在短时间内，它可能会让人感觉痛苦不堪或至少相当不舒服，但是，就像身体通过一种叫作"内稳态"的过程来适应不断变化的环境一样，我们也有类似的稳态能力来适应不熟悉的行为改变。通常情况下，我们能够很快从生理和心理上调节自己，以适应新的环境。

有时步步为营的方法是行不通的，有时你真的必须一蹴而就。现在问问自己："在哪些地方，我可以循序渐进，并对自己负责？在哪些地方，需要全力一跃？在哪些地方，我一直在逃避痛苦或不适，而我内心深处知道，只要我勇往直前，就能很快适应？"

我的一位前合伙人有一个兄弟，他是个喜欢狂饮啤酒，整天泡酒吧，天天搞派对的酒鬼。他在午餐、晚餐、餐后和整个周末都喝酒。有一天，他在参加一个前大学室友的婚礼时，看到了他朋友的哥哥，他哥哥比他们俩大 10 岁，但看起来比他们小 10 岁！他看着这个人在婚礼上跳舞、欢笑、玩乐，浑身散发着自己多年来未曾感受过的活力。他当场决定，再也不碰一滴酒。就是这样突然戒断，再也不喝了。直到 15 年后的今天，他再也没有碰过酒。

说到改变居家的坏习惯，我是个循序渐进主义者。但在我的职业生涯中，我发现大刀阔斧的改变要有效得多。无论是致力于一项新业务，还是与潜在的新客户、合作伙伴或投资者打交道，"先用脚踝沾水"的策略通常不会奏效。每次，我都会想起罗林斯湖的经历，知道这些改变一开始会很痛苦，但就像我记忆中的情景一样，过不了多久，它就会令人振奋，而且绝对值得你为此去克服那种暂时的不适。

恶习检查

我并不是建议你把生活中所有的"坏"东西都戒掉。大多数事情只要不过分就好，谁还没有点小癖好呢？但是，如何判断一个坏习惯是否在奴役你呢？我相信一个做法有效。每隔一段时间，我都会进行一次"恶习斋戒"。我挑选一种恶习，检查在我与它的关系中，自己是否依然掌握主动。我的不良嗜好有哪些？咖啡、冰激凌、葡萄酒和电影。我已经告诉过你我对冰激凌的痴迷。说到酒，我会确保饮酒时，自己是在享受一杯美酒，犒赏一天的辛劳，而不是在借酒浇愁。

大约每隔三个月，我就会选择一种恶习，戒掉 30 天（这可能源于我作为天主教徒在四旬期斋戒的习惯）。我喜欢向自己证明，我仍然是自己的主宰。你也可以试试。选择一种恶习——你知道自己对这种行为还是有节制的，但你也知道它对你达成至善并无助益——然后持续戒断 30 天。如果你发现这 30 天的"斋戒"对你非常困难，那么你可能已经找到了一个值得从生活中根除的习惯。

改变游戏规则：培养良好习惯的 6 种技巧

现在，我们已经帮你根除了那些把你带向错误方向的坏习惯，接下来我们需要创造新的选择、行为，并最终养成新的习惯，从而把你带向你最大的愿望。消除一个坏习惯意味着从你的日常工作中剔除一些东西。养成一个新的、更有成效的习惯则需要完全不同的技巧。你就像在种树，需要浇水、施肥，并确保它往深处扎根。这样做需要付出努力、时间和实践。以下是我最喜欢的养成好习惯的技巧。

领导力专家约翰·麦克斯韦尔说过："除非你改变你每天做的事情，否则你永远不会改变你的生活。你成功的秘诀就蕴含在你的日常生活中。"根据研究，将一个新习惯变成一种无意识的行为需要 300 次的积极强化——这几乎相当于一年的日常实践！幸运的是，正如我们之前谈到的，只要我们勤奋专注地实行三周，我们就有机会将新习惯融入我们的生活。这意味着，如果我们在头三周每天都特别专注于一个新习惯，我们就有更大的机会让它成为我们的终身习惯。

事实是，你可以在一秒钟内改变一个习惯，也可以在漫长的 10 年后仍然试图改掉它而不成。当你第一次触碰到滚烫的炉子时，你立刻就知道自己永远不会把它变成习惯！强烈的冲击和疼痛永远地改变了你的意识。你知道，在你的下半辈子里，你和热炉子打交道时都会小心翼翼。

关键在于保持意识。如果你真的想保持一个好习惯，确保每天至少留意一次，这样你就更有可能成功。

为成功做好准备

任何新习惯都必须融入你的生命和生活方式。如果你办卡的健身房远在 30 公里之外，你就不会去。如果你是个夜猫子，但健身房下午 6 点就关门了，你也不会去。健身房必须离你足够近、足够方便，并且营业时间符合你的作息规律。如果你想减肥并吃得更健康，请确保你的冰箱和储藏室备有健康食品。想确保自己不会在中午饥饿难耐时狂吃自动售货机上的零食吗？那就在你的办公桌抽屉里放上几包坚果和健康零食。饥饿时最容易获取也最诱人的食物是

"空碳水"[1]。我采用的一个策略是准备一些高蛋白质食物。我会在周日烤制一些肉类,然后打包,准备好在下一周食用。

我最让自己分心和最具危害性的习惯之一就是我的电子邮件瘾。说真的,这可不是闹着玩的。每天都会有大量电子邮件涌入并塞满我的收件箱,如果我不在这件事上保持有条不紊,就会好几个小时不能专注做事。为了养成每天只查看三次电子邮件的新习惯,我关闭了所有闹钟和自动接收功能,并在非查看电子邮件的时间段关闭邮箱程序。我必须在消耗时间的旋涡周围筑起围墙,以免我整天都掉进去。

思考加法,而不是减法

在与前脱口秀主持人蒙特尔·威廉姆斯相处的过程中,我得到了一个很好的建议。他告诉我,由于患有多发性硬化症,

---

[1] "空碳水"是指那些主要提供能量而缺乏其他营养素的高碳水食物。这类食物通常富含简单碳水化合物,但几乎不含或含有很少的维生素、矿物质、纤维和蛋白质等其他重要营养成分。——译者注

他一直保持严格的饮食习惯。蒙特尔采用了一种叫作"加法原则"的方法，我认为这对任何胸怀目标的人来说都是非常有效的工具。

他向我解释道："问题不在于你要从饮食中剔除的东西，而在于你往其中加入了什么。"他不认为自己必须被剥夺什么，或被迫从饮食中剔除什么（例如，"我不能吃汉堡包、巧克力或奶制品"），而是思考自己可以吃什么（例如，"今天我要吃沙拉、蒸蔬菜和新鲜无花果"）。他的肚子里填满了他能吃的东西，并且专注于此，这样他便不再关注他不能吃的东西，也不再感到饥饿。蒙特尔不再关注他必须牺牲的东西，而是思考他可以"加入生活"的东西。这样做让他更有力量。

我的一个朋友想改掉长时间看电视的坏习惯。为了帮助他，我问他如果有 3 个小时的空闲时间，他想做什么。他说要多陪孩子玩。我还让他选择一个他一直想探索的爱好。他选择了摄影。他是个不折不扣的科技迷,为了能给孩子们拍出漂亮的照片,他买了很多先进的编辑设备,并在全家出游时乐此不疲地随身携带这些设备。然后,他会在晚上花几个小时剪辑照片,并制作成幻灯片和相册,供全家人欣赏。结果,全家人在一起欢声笑语,回忆起曾经的快乐时光。由于他一心扑在孩子和摄影上,晚上他再也没有时间和心思坐在那里看电视了。他意识到,他之前一直沉迷于电视,是因为这样做能让他的心思轻松,摆脱工作束缚。通过用他的新习惯——与孩子们一起玩游戏和从事他的摄影爱好——来取代看电视,他发现自己对这些事的热情要大得多,所得回报也大得多。

你可以选择在生活中加入什么从而丰富自己的人生体验呢?

公开展示责任

想象一下任何一位公职人员宣誓就职的场景。"我庄严宣誓……"然后他会发表演讲,说明他将如何把竞选承诺变成现实。一旦他将这些内容公之于众,他就知道自己将为任何违背承诺的行为负责,不过也同样会为朝目标推进的任何进展而受到赞扬。

想巩固新习惯?那就让"老大哥"看着你。有了各种社交媒体,这件事再简单不过。我听说有一位女士决定通过在博客上记录自己每天花的每一分钱来控制自己的财务。她的家人、朋友和很多同事都在关注她的消费习惯,在众多监督目光的注视下,她变得更有责任感,对自己的支出也更节制了。

我曾经帮助一位同事戒烟。当时我告诉公司所有人:"大家听着,泽尔达决定戒烟了!这不是很棒吗?她刚刚抽完她的最后一支烟!"然后我在她的隔间外面贴了一幅巨大的日历。泽尔达每天不吸烟时,就可以在日历上画一个大大的红叉。同事们注意到了这幅日历,开始为她加油。一个个大红色的"×"开始填满日历，于是日历也有了自己的生命。泽尔达不想辜负那册日历，不想辜负她的同事，也不想辜负她自己。于是她确实戒烟了！

所以，把你要改变的习惯告诉你的家人，告诉你的朋友。让大家知道，你要做出改变，而且你得负责到底。

寻找成功伙伴

很少有什么事情能像两个人携手朝着同一个目标迈进那样鼓舞人心。为了提高成功的概率，你可以找一个成功伙伴，在你巩固新习惯的过程中，他会督促你，同时你也要回报他。比如，我就有一个所谓的"巅峰表现伙伴"。每周五上午 11 点整，我们都会有一次 30 分钟的通话，在通话过程中，我们会交换我们的得失、修正、领悟，并征求所需的反馈意见，让彼此负起责任。你也可以找一个成功伙伴，定期一起散步、跑步或在健身房一起锻炼，或者和他见面讨论并交换个人发展方面的书籍。

竞争与情谊

没有什么比一场友谊竞赛更能激发你的好胜心,让你一鼓作气养成新习惯了。举个例子,有一年夏天,我为我们的35万多名《达伦每日》会员组织了一次"一贯性"挑战,我们称之为"乌鸦跑"90天挑战赛,以著名的南海滩跑者罗伯特·"乌鸦"·卡夫(Robert "Raven" Kraft)的名字命名。他在迈阿密南海滩的白沙上做8英里跑(截至本文撰写时)已有45年之久。他从未缺席过一天(哪怕经历飓风、胫骨被夹板固定、骨折、食物中毒、肺炎等等)。

挑战很简单:每天至少跑1英里,连续90天。嘿,如果"乌鸦"能连续16500多天(还在继续)跑8英里,我们也能连续90天跑1英里,没有任何借口。

老实说，我知道许多成员会开始挑战，但我承认，我没想到大多数人会完成挑战。事实上，我和我的团队打赌，能保持连续打卡的人连 10% 都没有。无法一以贯之是人类的致命弱点。但我没有考虑到的是竞争提供的鞭策和同袍情谊带来的动力。成功完成挑战的人数是我预测的 3 倍多！

然而，比赛一结束我就惊讶地发现，人们从事该运动的一贯性出现了断崖式下滑——比赛结束后仅一个月，坚持者就减少了 60% 以上。而当我们再组织一次比赛时，参与度和一贯性又直线上升。只需一场小小的比赛，就能让人们的运动热情高涨——而且他们还能从中获得共同的体验、美妙的社区意识和有趣的同袍友情。

现在请你思考一下，你可以与朋友、同事或队友组织什么样的友谊比赛？如何为你的新习惯注入有趣的竞争和对抗精神？

庆祝一下！

俗话说得好,"只工作,不玩耍,聪明的孩子也变傻",这是一个导致你故态复萌的原因。应该安排一个时间来庆祝和享受你一路走来所获得的胜利成果。如果一直牺牲却没有收获,那就很难说服自己熬过去。你必须每个月、每周、每天都给自己一些小小的奖励。即使只是一些小奖励,也是对你已经养成了一种新的行为习惯的认可。也许可以给自己留点时间散散步,泡个澡放松一下,或者读点有趣的东西。若是达成了更大的里程碑,可以做一下按摩或在你最喜欢的餐馆大快朵颐一番。答应自己,当你到达彩虹的尽头时,给自己发一大笔钱犒劳一下。

改变很艰难:为此欢呼吧!

99%的"失败者"和"成功者"都有一个共同点——他们都讨厌做同样的事情。不同的是,成功者无论如何讨厌都会去做。改变很难。这就是为什么人们不愿改变自己的坏习惯,也是那么多人最终不快乐、不健康的原因。然而,我对这一现实却感到振奋,因为如果改变很容易,每个人都去做,那么你我就更难脱颖而出,更难成为非凡的成功者。庸庸碌碌很容易。唯有与众不同才能让你脱颖而出。

就我个人而言,遇到困难时我总是很开心。为什么呢?因为我知道大多数人都不愿为此付出代价。因此,我就更容易走在队伍的前面,起到带头作用。我喜欢马丁·路德·金说过的一句精辟的话:"衡量一个人的最终标准,不是看他在舒适安逸时如何,而是看他在面临挑战时如何。"当你在困难、乏味和艰辛中坚持不懈时,就是你赢得进步、在竞争中领先一步的时候。如果某件事困难、棘手或乏味,那就去做吧。做就是了。坚持下去,神奇的复利效应终将给你丰厚的回报。

保持耐心

在习惯上破旧立新时,记住要对自己有耐心。如果你现在正试图改变的行为已经持续了 20 年、30 年、40 年乃至更久,那么你就必须做好心理准备,在看到持久的效果之前,你势必需要付出时间和努力。科学表明,多次重复的思想和行为模式会形成所谓的神经特征或"脑沟"。这是一系列相互连接的神经元,它们携带着特定习惯的思维模式。注意力会养成习惯。当我们把注意力放在某个习惯上时,就会激活脑沟回,释放出与该习惯相关的思想、欲望和行动。幸运的是,我们的大脑是可塑的。如果我们不再将注意力分给坏习惯,这些习惯对应的脑沟就会变浅。而当我们养成新习惯时,每次重复都会使新的脑沟更深,并最终盖过代表旧习惯的脑沟。

养成新的习惯(并在你的大脑中刻下新的沟回)需要时间。对自己要有耐心。如果你故态复萌了,请振作起来(不要自暴自弃！)，然后重新开始。这没关系，我们都会跌倒犯错。大不了再来一次，试试别的策略。更加坚守你的承诺，并以更强的毅力去贯彻。当你坚持下去，你会得到巨大的回报。

说到回报，下一章涉及的才是我们真正开始脱颖而出的时刻，也是复利效应真正开始发挥作用的时刻。有了前三章的基础知识，再加上你的自律和努力，接下来你就会得到丰厚的回报！

让复利效应为你所用

简要行动步骤

● 找出你的 3 个最佳习惯——那些能支持你实现最重要目标的习惯。

● 找出让你偏离最重要目标的 3 个坏习惯。

● 找出你需要培养的 3 个新习惯,以使自己朝着最重要的目标迈进。

● 找出你的核心动机。发现是什么让你热血沸腾,让你有动力不断取得巨大成就。

● 找到你的动力之源。设计简明扼要、引人注目、令人惊叹的目标。

第 4 章
势头

我想向你介绍我一位非常要好的朋友。这位朋友与碧昂丝、杰夫·贝佐斯、塞雷娜·威廉姆斯、英德拉·努伊、勒布朗·詹姆斯、梅丽尔·斯特里普以及其他所有超级成功人士都过从甚密，他将对你的人生产生前所未有的影响。我想向你介绍"势先生"（Mo），或者我喜欢叫它"大势"（Big Mo）[1]。毫无疑问，大势是最强大、最神秘的成功驱力之一。你看不到，也感觉不到"势"，但你知道你什么时候得到了

---

[1] "Mo"是作者对英语单词"Momentum"（意为"势头、动量、动力"）的拟人化称谓，本书译者结合中文的意思表达和阅读习惯，将其译为"势"，将"Big Mo"译为"大势"。——译者注

它。你不能指望"大势"在任何场合都能出现,但当它出现时——哇!它能让你一飞冲天。一旦你有了"大势"之助,几乎没有人能追上你。

这一章要讲述的内容让我兴奋不已。当你实施接下来要概述的想法时,你的回报将是你为这本书的付出的一千倍(或更多)。说真的,这些想法都堪称"巨大"!

驾驭大势之力

如果你还记得高中物理课,你就会回想起牛顿第一定律,也称惯性定律:静止的物体倾向于保持静止,除非受到外力作用;运动中的物体倾向于保持运动,除非有外力阻止了它们的运动势头。换句话说,沙发土豆往往会一直是沙发土豆;而成功者——那些进入成功节奏的人——则会持续努力,从而取得越来越多的成就。

要形成势头并不容易，但一旦势头已起，就要小心了！你还记得小时候玩旋转木马的情景吗？你的一群朋友一拥而上，把旋转木马压得往下沉，还在木马上开心地叽叽喳喳，而你被委派的任务则是努力让它旋转起来。起步很慢。让它从静止状态动起来的第一步总是最难的。你必须用力又推又拉，表情痛苦，呻吟嘶吼，用尽全力。一步、两步、三步——似乎毫无进展。经过漫长而艰苦的努力，你终于有了一点速度，可以推着木马一起跑了。尽管你在前进（你的朋友们也在大声欢呼），但要想达到你真正想要的速度，你必须越跑越快，在你全力奔跑的同时，改推为拉。终于，成功了！你也跳上木马，和朋友们一起感受着迎面吹来的风，看着眼前的世界变成一片模糊的五彩斑斓，你的心里乐开了花。过了一会儿，当旋转木马开始减速时，你会跳下木马，在旁边拉着跑上一分钟，让速度恢复起来，或者你可以轻轻地推它几下，然后再跳上去。一旦旋转木马开始高速旋转，旋转的势头就会占据上风，你只花少许力气就能让它继续转下去。

采取任何改变的道理都是一样的。你要从一小步开始，一次一个行动。起初进展缓慢，但一旦养成的新习惯开始发挥作用，大势也会加入进来。你的成果就会迅速增加。请看图 6。

图 6　要获得大势需要耗费时间精力，而一旦大势养成，你的成果便可快速复利倍增。

火箭助推航空器发射时的情况也是如此。航天飞机在飞行的前几分钟所消耗的燃料比整个飞行过程中其余时间所消耗的燃料还要多。为什么呢？因为一开始，它必须摆脱重力的牵引。而一旦挣脱重力束缚，它就能在轨道上滑翔了。最困难的部分是什么？离开地面。你采取的旧方式和依赖的旧条件就像旋转木马的惯性或地心引力一样。一切事物都想保持静止。你需要大量的能量来打破惯性，让你的新事业起步。但是，一旦你获得了势头，你将很难被阻挡——几乎势不可当——尽管你此时付出的努力相比开始时要少得多，但却获得了更大的成果。

你有没有想过，为什么成功人士会越来越成功，富人越来越富有，幸福的人越来越幸福，幸运的人越来越幸运？

因为他们已养成大势。势头一起，便不可挡。

但是，这种势头在等式的两边都起作用——它可以对你有利，也可以对你不利。由于复利效应一直在起作用，消极的习惯如果不加以控制，就会积蓄力量，让你陷入"倒霉"的境地而难以自拔。这就是我们在第1章中遇到的朋友布拉德的经历。只因几个小小的坏习惯，他的体重增加了15公斤，并因为这些习惯产生的负面势头而承受了巨大的工作和婚姻压力。惯性定律表明，静止的物体往往会保持静止。你坐在沙发上看网剧的时间越长,你就越难站起来走动。所以,让我们从现在开始!

如何才能得势?你要为此下点功夫才行。你可以通过做我们目前已经介绍过的事情来进入状态,或者说借此"蓄势":

1. 根据自己的目标和核心价值观做出新的选择。
2. 通过新的积极行为将这些选择付诸实施。
3. 长期重复这些有益的行动,以建立新的习惯。
4. 将这些常规和节律融入日常工作。
5. 持之以恒。

然后,砰!大势来敲你的门了!

现在,你已势不可当。

你很可能有过一部iPod。有没有想过,这个小玩意儿之所以能取得如此巨大的成功，曾经历了怎样的演变？苹果公司在推出 iPod 之前已经经营了很长时间。虽然其推出的麦金塔电脑拥有一批忠实的追随者，但在当时，它们仍然只占整个个人电脑市场的一小部分。iPod 当然不是市场上第一款 MP3 播放器，实际上，苹果在这一领域起步较晚，但他们有一些优势：在维护客户忠诚度方面始终如一的努力，以及对高品质、创新设计和易用性的坚定承诺。他们让 MP3 播放器简单、酷炫、易用、易玩，并通过有趣、别出心裁的广告宣传来推广它。它成功了！它撩拨了人们的神经。

但是，iPod 的成功并非一夕而成。苹果公司在发布 iPod 的当年，收入增长率从前一年的 30% 降到了 -33%。第二年收入也是负增长，为 -2%。第三年全年收入增长转正，为 18%。下一年再次出现增长，达到 33%。四年后，他们终于势如破竹。"砰"的一声，苹果一举实现了 68% 的收入增长，并占据了超过 70% 的 MP3 播放器市场份额。如你所知，这股大势还帮助他们主导了智能手机市场（iPhone）和数字音乐软件（iTunes）的发行。这种发展势头也使他们在原有的个人电脑市场重新获得了增长。倚仗大势，他们能向其他市场扩张也就不足为奇了。

再看谷歌。谷歌也曾是一个在苦苦挣扎中求生存的小型搜索引擎。如今，它同样拥有超过90%的市场份额。2005年2月创建的视频分享网站YouTube（优兔）于同年11月正式推出。但直到他们在《周六夜现场》推出数字短片《慵懒的星期天》后，人们才开始大量到YouTube上寻找这部短片。YouTube上的视频短片引起了病毒式传播——在美国全国广播公司要求将其撤下之前，它的浏览量已经超过了500万次。然后，YouTube便势不可当，一路扶摇直上。如今，YouTube已成为美国第二大受欢迎的社交媒体平台，吸引了37%的移动互联网流量。最后，谷歌找到了YouTube的两位年轻创始人，并支付16.5亿美元买下了这股势头。

苹果、谷歌和 YouTube 有什么共同点？它们在得势之前和之后都在做同样的事情。它们的习惯、纪律和常规例程的一以贯之是它们能够因势利导的钥匙。而当大势已成之时，它们变得势不可当。

常规的力量

我们的一些美好意图之所以落空，是因为我们没有一套执行系统。归根结底，你的新态度和新行为必须融入你每月、每周和每天的常规例程，才能产生真正的积极变化。所谓常规，就是你每天都要做的事，就像早起刷牙或上车系安全带一样，你会不自觉地去做。与我们在上一章的讨论类似，如果你回顾一下你所做的任何成功的事情，你就会发现你很可能已经为它们制定了一套常规。这些常规使我们的行动变得自动而有效，从而缓解了生活的压力。为了实现新目标、养成新习惯，有必要建立新的常规来支持你的目标。

挑战越大，我们的常规就越要严格。有没有想过为什么军队新兵训练营如此艰苦，像铺床、擦鞋或立正这样相对次要的任务都会被异常重视？建立常规例程，让士兵做好战斗准备，这是让他们在巨大压力下富有成效和可靠表现的最有效方法。在基础训练期间建立和发展起来的看似简单的常规是如此精确，以至于柔弱、怯懦、邋遢的青少年在短短8~12周内就转变成了精干、自信、以任务为导向的士兵。这些年轻士兵的常规例行训练演练得如此之好，以至于他们在混乱的战斗中也能凭借直觉做出精确的行动。这种高强度的训练和实践让士兵们做好了履行职责的准备，即使是在迫在眉睫的死亡威胁下也是如此。

当然，你的日子可能没有那么危险，但如果没有在你的日程表中安排适当的常规，你的生活可能会无序散漫，甚至充满不必要的困难。养成可预测的日常纪律，便是为你在人生战场上取得胜利做好准备。

高尔夫球手杰克·尼克劳斯以其击球前的例行动作而闻名。他对每次击球前的"舞蹈"非常虔诚，这一系列例行的心理和生理步骤能让他全神贯注，为击球做好准备。杰克会从球的后面开始，然后在球和目标之间选择一两个中间位置。当他走动并接近球时，他要做的第一件事就是将杆面对准中间目标。直到他觉得自己的杆面已经摆正，他才会把脚放到位置上。然后，他就会摆好姿势。从那时起，他会摇晃球杆，看向目标，然后看回中间目标，再看回高尔夫球杆，重复上述动作。然后，也只有在那时，他才会击球。

在一次重要的大满贯赛事中，一位心理学家曾为尼克劳斯计时，从他从球袋中拿出球杆的那一刻起，直到他击球的那一刻，你猜怎么着？从第一个开球台到第十八个果岭，杰克每次击球例行动作的时间变化不会超过一秒钟。这太不可思议了！同样是这位心理学家，在格雷格·诺曼于

1996年美国大师赛上最后时刻崩盘时对他进行了测量。[1]结果发现,随着比赛的进行,他的击球前动作越来越快。常规动作的改变,扰乱了他的节奏和稳定性,以至于他始终无法抓住势头。诺曼一改变击球例行动作,他的表现就变得难以预测,成绩也不再稳定。

橄榄球运动员同样珍视打球前的例行动作,因为这样可以让他们与之前做过的成千上万次的相同动作保持同步。可以预见的是,如果没有打球前的例行动作,他们在时间压力下的表现就会大打折扣。飞行员也是一样,他们会进行飞行前检查。即使他们已经飞行了数千小时,飞机上一次飞行的表现也是"完美"的,但飞行员还是会不厌其烦地按照检查清单完成每次飞行前的例行检查。这不仅是让飞机做好准备,更重要的是让飞行员集中精力,为即将开始

---

1 在那一年的比赛中,诺曼表现出了极佳的状态,在前三轮结束后他建立了一个看起来相当稳固的6杆领先优势。然而,在最后一轮,也就是决赛轮中,诺曼遭遇了戏剧性的崩溃。他在这一轮打出了78杆的成绩,高于标准杆6杆,而他的竞争对手尼克·佛度则打出了67杆的好成绩。这使得佛度最终以5杆的优势赢得了比赛。——译者注

的飞行做好准备。

在我合作和观察过的所有高成就人士和商界领袖中，我注意到他们不仅有良好的习惯，而且每个人都制定了执行日常纪律所需的一致常规。这是我们每个人有预见地规范自己行为的唯一方法，没有任何办法可以绕过。建立在良好习惯和纪律基础上的常规例程，正是成功者与普通人的差别所在。常规的力量异常强大。

为了创造有益和有效的常规，你必须首先决定你想要落实什么样的行为和习惯。花点时间回顾一下第 3 章的目标，以及你想要增加和删减的行为。现在轮到你效法杰克·尼克劳斯了，找出你最好的"击球前常规动作"，每一项动作都要有意图性。一旦你建立了一个常规，比如说，一个早上的例行日常，我希望你认为它是固定不变的，直到另行规划。你起床，然后就执行这项例程，不要对此有异议。如果某人或某事打断了你，那就从头开始，为接下来的表现奠定基础。

为你的一天立规

要想在工作领域中成为世界一流，关键在于围绕世界级的常规来打造自己的表现。要预测或控制工作日中间会出现什么情况很难，甚至是徒劳的。但你几乎总能控制一天的开始和结束。我在这两方面都有自己的常规例程。在这里，我将与大家分享这生活中的两个方面，为你提供一些思路，帮助你更好地理解将新行为习惯转化为有规律的例程的功效和重要性。我会根据我的目标设计相应的行为和常规。也许在我分享一些对我有用的方法时，你会发现自己想尝试的策略……

起床的高光时刻

我早上的例行常规如同杰克·尼克劳斯的击球前准备动作，

它让我一整天都精神抖擞。因为它每天早上都会发生，所以是固定的，我根本不需要去思考。我的闹钟在早上 5 点响起，然后我按下贪睡按钮。我知道我还有 8 分钟。在这 8 分钟里，我会做 3 件事。第一，我会默想令我心怀感激的一切。我知道我需要调整心态，让自己抱有富足感。当你怀着对已有的一切感恩的心情开始一天的生活时，你对这个世界的看法，以及世界对你的看法、行为和反应都会大不一样。第二，我会做一些听起来有点奇怪的事情，但我会"给予"某人我的爱。得到爱的方法就是付出爱，而我想要的更多东西就是爱。我会想到一个人，可以是任何人（可以是朋友、亲戚、同事，也可以是我刚在超市遇到的人——这都没关系），然后通过想象我对他们的所有祝愿和希望来向他们传达我的爱。有些人会称之为祝福或祈祷，我则称之为"心灵情书"。第三，我会思考我的首要目标，并决定今天我要做哪 3 件事来朝着它迈进。例如，在写这篇文章的时候，我的首要目标是加深我婚姻中的爱和亲密关系。每天早上，我都会计划 3 件我能做的事情，以确保我的妻子感到被爱、被尊重，并感到生活的美好。

起床后，我会煮上一壶咖啡，在煮咖啡的同时，我会做一系列伸展运动，大约 10 分钟——这是我从奥兹医生[1]那里学来的。如果你像我一样一辈子都在做力量训练，你的身体就会变得僵硬。我意识到，要想在生活中融入更多的伸展运动，唯一的办法就是让它成为一种常规。我必须想出一个办法，把伸展运动插入我日程表中的某个位置——煮咖啡的时候就是一个很好的时机。

一旦做完伸展运动，倒上了咖啡，我就会坐在我最喜欢的椅子上看我自己的节目《达伦每日》。然后，我在 iPhone 上设置 30 分钟定时（不能多也不能少），阅读一些积极的、有指导意义的内容。当闹钟响起时，我会拿出我最重要的项目，完全专注、心无旁骛地工作 90 分钟（注意，我还

---

[1] 奥兹是一位美国心脏外科医生、作家和电视节目主持人，是《奥普拉脱口秀》的常驻健康专家，并在 2009 年推出了自己的脱口秀节目《奥兹医生秀》，该节目专注于健康和生活方式的主题，涵盖营养、健身、疾病预防等方面的内容。——译者注

没有打开电子邮件）。然后，每天早上 7 点，我都会进行所谓的"校准约定"，这是我日历上的一个循环约定，我会用 15 分钟来校准我的一天。在这段时间里，我会梳理我一年内和五年内的三大目标、主要的季度目标以及本周和本月的首要目标。在校准约定中最重要的部分，我会回顾（或设定）当天最重要的三件 MVP（最有价值的优先事项），问自己："如果我今天只做三件事，哪些行动会产生最大的效益，让我更接近我的大目标？"然后，也只有在这个时候，我才会打开电子邮件，发送一连串的任务和委托，让团队其他成员开始一天的工作。然后，我迅速关闭电子邮件，继续处理我的 MVP。

一天的剩余时间可以以无数种不同的形式展开，但只要我完成了早晨的常规，我需要实践的大部分关键纪律就都得到了落实，我就会有适当的基础和准备，以更高的水平来完成工作，而不是每天开始时都毫无规律，或者更糟，带着一套坏习惯开始一天。

做个好梦

晚上，我喜欢"出清"，这是我年轻时做服务员学到的。那时，在下班回家之前，我们必须结清账目，即上交所有收据、信用卡单据和现金。所有账目都必须对上，否则麻烦就大了！

把当天的表现"出清"非常重要。与当天的计划相比，你取得的进展如何？明天的计划需要延续哪些内容？根据一整天的表现，还有哪些需要补充？哪些不再重要，需要删掉？此外，我还喜欢把一天中的新想法、新发现或新见解记录在我的日记里——我就是这样写满了40多本日记，其中包含了许多令人难以置信的想法、见解和策略。最后，我喜欢在睡觉前读至少10页的励志书。我知道，大脑会继续处理睡前接收到的最后一点信息，所以我想把注意力集中在一些有建设性的、有助于实现目标和抱负的事情上。睡前的常规大体就是这样。一天中有可能发生各种乱七八糟的事情，但因为我为其一头一尾立了规，所以我知道我的一天总是会善始善终。

偶尔改变

每隔一段时间，我都喜欢稍稍打乱一下自己的常规例程。否则，生活就会变得呆板乏味，我自己也会停滞不前。一个简单的例子就是负重锻炼。当我在同一时间以同样的方式锻炼，周而复始地做同样的重复动作时，我的身体就不会再表现出复利效应。我就会感到厌倦，失去激情，积攒的势头也就无影无踪了。这就是为什么要稍微来点改变，用新的方式挑战自己，让自己的体验焕然一新！现在，我正在努力为我的生活增添更多的冒险。

我会设定每周、每月和每年的目标，去做一些我通常不会做的事情。大多数时候，这些都不是什么惊天动地的事情，而只是诸如吃不同种类的食物、上一堂课、参观一个新的景点，或者加入一个俱乐部认识新朋友之类的事情。这种生活节奏的改变让我觉得自己充满活力，帮助我重拾激情，并为我提供了获得新视角的机会。

请检视你的常规例程。如果曾经让你充满活力的事情已经变得千篇一律，或者不再产生强大的效果，那就换一种方式。

进入节奏：找到新的脑沟

一旦你的日常纪律成为一种常规，你就要设法让这些步骤的连续性能够形成一种节奏。当你的纪律和行动形成每周、每月、每季度和每年的固定节奏时，你就能随时随地养成大势。

这就像蒸汽机车的车轮。在静止状态下，只需很小的力量就能阻止它前进——在前轮下放一块木块就能做到这一点。要让活塞运动起来，并通过一系列机械连接让车轮动起来，则需要大量的蒸汽。这是一个缓慢的过程。可一旦火车开始向前行进，车轮就会进入一个节奏。这时即便蒸汽压力不再增加，火车也会获得前进的势能，那就得注意！这列火车可以以每小时55英里的速度撞开1米多高的钢筋混凝土墙，继续前进。不妨把自己的成功想象成一节势不可当的火车头，这可能会帮助你保持热情，进入自己的节奏。

除了每天的日常节奏，我还会提前规划。例如，在重新审视"加深婚姻中的爱与亲密关系"这一目标时，我设计了每周、每月和每季度的节奏计划表。我知道，这听起来不太浪漫。但也许你已经注意到，即使某件事对你来说是重中之重，但如果它没有被安排在你的日程表上，这事往往就不会发生，对吗？当然，这种情况下你更不可能有规律地去做这件事，而这恰是进入任何一种节奏所必不可少的。

我的计划表是这样的：每周五晚上是"约会之夜"，乔治娅和我一起出去或做一些特别的事。当天晚上 6 点，我们俩的闹钟都会响起，无论我们在做什么，约会之夜都会开始！每周六是"家庭日"——这意味着不工作。基本上，从周五晚上日落到周日早上日出，都是我们奉献给婚姻和家庭的时间。如果你不设定这些界限，日子就会一天接着一天。不幸的是，被我们冷落一旁的人往往是对我们最重要的人。

每周日晚上 6 点，我们都会进行"关系回顾"。这是我从关系专家琳达和理查德·艾尔那里学来的做法。在这段时间里，我们会讨论上周的得失，以及我们需要在彼此关系中做出的调整。谈话开始时，我们会告诉对方一些上周我们欣赏对方的地方——从好的方面开始会很有帮助。然后，用我从我朋友杰克·坎菲尔德那里学到的一个主意，我们问对方："从 1 到 10（10 分代表最好），你给我们这一周的关系打几分？"这自然引发我们的一番探讨——天哪，这可不轻松！然后，我们通过后续问题"怎样才能让你的体验达到 10 分？"讨论需要做出的调整。讨论结束后，我们都会感到自己的意见被倾听和认可，我们也会清楚地表达自己的看法和愿望，从而迈向新的一周。这是一个不可思议的过程。我强烈推荐……如果你敢于尝试的话！

每个月，乔治娅和我还会安排一些独特而难忘的事情。吉姆·罗恩教导我，人生不过是各种经历的集合。我们的目标应该是增加美好经历的频率和强度。我们每个月都会尝试做一些事情，创造一些令人难忘的经历。可以是开车上山、去远足探险、尝试新的高级餐厅、在海湾扬帆航行——不管是什么。总之，要做一些不同寻常的事，让自己有更深刻的体验，留下难以磨灭的记忆。

每个季度，我们都会计划一次两到三天的旅行。我喜欢每季度回顾一下自己的所有目标和生活模式。这也是深入检视我们之间关系的好时机。然后，我们会有特别的旅行假期，再加上我们的节日传统、新年远足和目标设定仪式。你可以看到，一旦这些都安排好了，你就不再需要考虑自己应该做什么了。一切都会自然而然地发生。我们创造了一种节奏，让我们的关系可以顺势发展。

记录你的节奏

我想和大家分享一个我自己建立的方法，它可以帮助我记录新行为的节奏。我把它称为"节奏登记表"（见表1），我想你会发现它非常有用。还记得本书前面提到的追踪记录的重要性吗？

如果你想多喝水，每天多走几步路，或者更深情地认可你的配偶，无论你决定需要什么行为来实现你的目标，你都要对其进行追踪记录，以确保你正在建立一种节奏。

表1 每周节奏登记（范例）

行为/行动	周一	周二	周三	周四	周五	周六	周日	完成	目标	净差
多打3通电话	√			√	√			3	5	<2>
多做3次演示		√		√				2	3	<1>
30分钟有氧运动		√			√			2	3	<1>
力量训练	√	√		√				3	3	☺
阅读一本好书10页	√	√		√	√			4	5	<1>
听30分钟指导音频	√	√	√			√		4	5	<1>
喝5升水			√	√		√	√	5	7	<2>
吃健康早餐	√	√		√		√		4	7	<3>
专心陪伴孩子	√			√		√		3	4	<1>
与伴侣的约会之夜					√			1	1	☺
祈祷/冥想时间			√	√			√	3	5	<2>
写日记	√		√		√	√	√	5	5	☺
							总计	39	53	<14>

承诺就是在你说过要做的事情已经距当下很久之后，你还在贯彻它。

日期范围：____ – _____

生活的节奏

当人们开始一项新的事业时，往往操之过急。当然，我希望你能为建立追求成功的节奏而感到兴奋，但你需要找到一个你绝对可以长期坚持而避免推倒重来的计划。我不希望你去考虑本周、本月，甚至未来90天内能做的事情。我要你考虑的是，你能在你的余生中做些什么。复利效应——你希望在生活中体验到的积极结果——将是明智选择（和行动）长期不断重复的结果。当你日复一日地采取正确的行动时，你就赢了。但是要记住，欲速则不达。

一位朋友在社交媒体上看到自己的一张照片后，决定要健身。这对他来说是生活方式的巨大转变。在工作中，他每天至少要坐十几个小时，而且他讨厌运动。他承认，以前他会想方设法避免弯下腰去拿某些餐具或文件，他对体育锻炼已经厌恶到了这种程度。尽管如此，他还是下定决心锻炼身体。他在一家健身房办了卡，聘请了一名私人教练，开始每周 5 天、每天 2 小时的锻炼。我说:"理查德(就叫他理查德吧),这是个错误。你不可能坚持下去,你最终会停止锻炼。你这是在为自己的失败埋下伏笔。"他当然反驳我,对我信誓旦旦地称他已经彻底改变了。就连他的教练也建议他进行高强度训练。他说:"我已经下定决心了。我希望能练出六块腹肌。"

"理查德,你真正的目标是什么?"我问他。我知道他不是为了登上《男士健身》杂志的封面才这么拼的。

"我想变得苗条,我想要健康。"他告诉我。"为什么?"我又问道。"我想要有活力。我想活得足够久,看着我的孩子们有孩子。"他回答道。这是他真正的、有意义的动机。理查德想长期保持锻炼。这意味着他办健身卡不是为了夏天秀身材,而是对健康的长期承诺。

"好吧,"我说,"你说服了我。但你操之过急了。照这样下去，两三个月后你就会对自己说，'我今天没有时间，所以我不能锻炼了'。这种情况会一而再再而三地发生在你身上。于是原本一周锻炼 5 天会变成 2 天或 3 天，你会感到气馁，很快就会放弃。我知道你现在很有干劲，那你可以这样做：每天锻炼 2 小时，每周锻炼 5 天，先维持这个计划（就像一开始需要很大的动力才能让车轮动起来），但不要超过 60 天或 90 天。然后，我要你把锻炼时间缩短到 1 小时或 1 小时 15 分钟。你仍然可以每周坚持 5 天，但我可能会鼓励你坚持 4 天。按这个频率再坚持 60~90 天。然后，我希望你考虑每周至少锻炼 3 天，每天 1 小时，如果你感觉精力很旺盛，就加到 4 天。这就是我希望你努力实现的计划，因为如果你的计划不能让你坚持，你最后就会完全放弃。"

我真的费了好大的劲儿才让理查德明白这一点，因为在那一刻，他斗志满满。他以为自己能一辈子坚持新的锻炼方式。对一个从未锻炼过的人来说，马上开始每周 5 天、每天 2 小时的锻炼肯定是死路一条。你必须制订一个可以坚持 50 年的计划，而不是 5 周或 5 个月。如果你能坚持一段时间的高强度锻炼也没关系，但你必须知道在哪里结束，并适时降低强度。如果是每周几次，每次 45 分钟到一个小时的时间，你挤一挤还是没问题的，但要每周抽出 5 天，每次 2 小时的时间，并以此构建日常例程，那是永远不可能的。记住，坚持不懈是成功的关键。

一以贯之

我曾经提到过，如果有一种自律能给我带来竞争优势，那就是我保持一贯的能力。没有什么比缺乏一贯性更能让你失势的了。即便是再优秀，再充满激情，再雄心勃勃的人，当涉及一贯性时，也可能无法做到持之以恒、始终如一。但一贯性是一个强大的工具，可以借助它来让你迈向自己的目标。

你可以这样想：如果你和我乘坐飞机从洛杉矶飞往曼哈顿，但你在中间的每个州都起降，而我则直飞，即使你在空中以每小时500英里的速度飞行，而我的时速只有每小时200英里，我仍然会以很大的优势击败你，先一步到达曼哈顿。你反复降落、起飞和恢复行进势头所耗费的时间和能量，会让你的行程至少延长10倍。事实上，更有可能的是，你甚至无法到达终点——你会在某个时刻耗尽燃料（能量、动力、信念、意志）。而一次起飞后一路保持正常速度飞行（即使比大多数人慢），则要容易得多，所需的能量也少得多。

泵井

当你开始考虑对你的常规和节奏有所放松懈怠时，请考虑一下这种半途而废的巨大代价。这并不是单个行动的损失和由此产生的微小结果，而是一种彻底崩溃，它会让你势头不再，整个人生进展都将深受其害。

想象有一个手动泵水井,通过一根管道从地下几英尺深的水位把水抽上来。要把水抽到地面,就必须压动水井的杠杆,产生吸力,把水吸上来,并从出水口流出。请看图 7。

图 7 持之以恒是达到并维持势头的关键。

当大多数人展开新的事业时,他们的做法就像是一把抓住泵井的杠杆,开始拼命抽水。就像理查德的健身计划一样,他们兴奋不已,全心投入……他们压个不停,但几分钟后(或几周后),当他们没看到任何水被抽上来(结果)时,他们就完全放弃了抽水。他们不清楚需要压动杠杆多长时间才能形成真空,把水吸进管道,然后从出水口流到水桶里。就像旋转木马、火箭推进器或蒸汽机摆脱惯性一样,抽水也需要一定的时间、能量和持续的努力。许多人会中途放弃，但聪明人会继续抽水。

神奇之处就在这里：如果你继续抽水，用不了多长时间，你就会获得源源不断的水流。你成功了！现在，水流出来了，你再也不需要那么用力或那么快地压杠杆了。实际上，这时抽水变得很容易。要保持压力稳定，你只要不紧不慢地压杠杆就行。这就是复利效应。

现在，如果你松开杠杆一段时间会发生什么？水会重新落下，你又回到了原点。如果这时你试着轻松徐缓地压杠杆，就不会有水了。大势已去，水又回到了地底。让水重新回来的唯一办法就是再次使劲用力压杠杆。我们大多数人的生活就是这样，时好时坏。我们开始了新的业务，然后在休假时中断。我们开始了每天打10个推销电话的日常工作，淘到了一点金子，然后又开始无欲无求。我们满心欢喜地与配偶开始新的"约会之夜"，但没过几周，周五晚上又窝回到了沙发上，嚼着爆米花看网剧。我经常看到有人买了一本新书，报名参加了一个新项目或研讨会，兴致勃勃地耍上几周或几个月，然后他们停下来，结果又回到了起点。（听起来很熟悉吧？）

任何事情，只须中断几个星期——健身房锻炼、对配偶的亲昵举动，或作为你日常工作一部分的销售电话——你所失去的绝不会仅仅是这两个星期本应取得的成果。如果你失去的仅仅是这些（大多数人都这么认为），那就不会有太大的损失。但是，哪怕只是短时间的懈怠，你就失去了势。等到大势已去，这就成了一个悲剧。赢得比赛的关键在于节奏。做一只乌龟。只要有足够的时间，你就能在任何竞争中击败任何人，这就是坚持养成积极习惯的结果。这将为你的前进势头注入魔力。并一直保持下去！

做出正确的选择，坚持正确的行为，养成完美的习惯，始终如一，蓄势待发，这说起来容易做起来难，尤其是在我们与数十亿人共同生活的这个变动不居、充满挑战的世界里。在下一章中，我将讨论许多影响因素，它们（大多在不知不觉中）会帮助或阻碍你取得成功。这些影响无处不在，令人信服，而且持续不断。你要学会如何利用它们，否则你最终可能会因它们而失败。让我告诉你如何去做……

让复利效应为你所用

简要行动步骤

● 为你的晨间和晚间作息立规。为你的生活设计一个可预测的、万无一失的世界级例程时间表。

● 列出你在生活中不能一以贯之的三个方面。迄今为止,这种不连贯让你的生活付出了怎样的代价?写一份宣言,坚定不移地履行你的新承诺。

● 在你的节奏登记表上写下与你的新目标相关的6个关键行为,从而让你建立节奏并最终成势——养成大势。

第 5 章
影响因素

希望到目前为止，你已经明白你的选择有多重要。即使是那些看起来微不足道的选择，当它们经由复利效应叠加在一起时，也会对你的人生产生极大的影响。我们还讨论了一个事实：你要对自己的人生负起百分之百的责任。只有你自己才能对你所做的选择和所采取的行动负责。话虽如此，你也必须意识到你的选择、行为和习惯都受到非常强大的外部力量的影响。我们大多数人都没有意识到这些力量对我们生活的微妙操控。你若想保持在迈向目标的正轨上，就需要了解并掌控这些影响因素，确保让它们转化为你成功的动力，而不是你的阻力。每个人都受到 3 种影响因素的作用：输入（你给你的心智提供的东西）、联系（你花时间相处的人）和环境（你周遭的形势）。

输入：垃圾进，垃圾出

如果你想让你的身体以最佳状态运转，你就必须时刻保持警惕，摄入最优质的营养物质，避免吃进那些诱人的垃圾食品。如果你想让大脑保持最佳状态，你同样必须对自己投喂给它的"精神食粮"保持高度的警惕性。你是否经常给它灌输负面新闻或令人头疼的电视节目？你是否在脑袋里塞满了八卦新闻、无趣的社交媒体或无聊的视频？你输入大脑的信息会对你的工作效率和成果产生直接且可衡量的影响。控制对大脑的输入尤其困难，因为我们的大脑吸收的很多东西都是在无意识间进行的。虽然我们确实可以不假思索地进食，但我们更容易对自己吃进肚子里的东西留个心眼，因为食物不会自动跳进我们的嘴里。相反，要防止大脑吸收无关紧要、适得其反或完全破坏性的信息，就需要格外警惕。这是一场永无止境的战斗，我们要有选择性，要警惕任何可能破坏你发挥创造潜能的信息。

重要的是你要明白，你的大脑并不是为了让你快乐而设计的。你的大脑只有一个议程：生存。它总是在观察"匮乏和攻击"的迹象。你的大脑被设定为主动寻找消极因素——资源减少、恶劣天气、潜在威胁，任何会伤害你的东西。因此，当你早上打开手机上的新闻提醒，看到那些关于抢劫、火灾、袭击和经济衰退的报道时，你的大脑就会立即活跃起来。现在，你的大脑会整天咀嚼那些恐惧、担忧和消极情绪组成的"盛宴"。晚上浏览新闻时也是如此。你听到了更多坏消息？这下好了！你的大脑会整晚都沉浸在这些消息中。

如果听之任之，你的大脑就会日夜沉浸在消极、忧虑和恐惧之中。我们无法改变我们的基因，但我们可以改变我们的行为。我们可以教导我们的心智超越"匮乏和攻击"。怎么做呢？我们可以保护我们的心智，并用有益的信息滋养它。我们可以有纪律地、积极主动地筛选那些进入我们大脑的信息。我知道，要在每天开始时找到一个一贯的、积极的、充实的输入源是很困难的。这就是我创建《达伦每日》的原因。每个工作日，我都会撰写、录制并播出一段5分钟的指导视频，专门用于开启你的早晨时光，帮助你做到日进一小步。

别喝脏水

你在生活中创造了什么，你就会得到什么。而你的期望是这一创造过程的动力。你在期待什么呢？你在想什么，你就期待什么。你的思维过程，你头脑中的对话，是你在生活中创造成果的基础。那么问题来了，你在想什么呢？是什么在影响和引导你的思想？答案是：你允许自己听到和看到的一切。这就是你输入大脑的信息。除此以外，别无他物。

你的头脑就像一个空杯子。你往里面放什么,它就会盛什么。你把煽情的新闻、淫秽的标题、夸夸其谈的脱口秀放进去,你就是在往杯子里倒脏水。如果你的杯子里装的是阴暗、沮丧、令人担忧的水,你所创造的一切都会被这团脏水搅浑,因为这些就是你脑子里想的。垃圾进,垃圾出。请看图8。

图 8 用正面的、激励的、鼓舞人心的思想(清水)冲刷负面的思想(脏水)。

所有关于谋杀、阴谋、死亡、经济和政治斗争的广播节目都在左右着你的思考过程,而你的思考影响你的期望值,你的期望又决定了你的创造性产出。这真是个坏消息。但就像一个脏杯子一样,如果你在水龙头下用干净的水冲洗它足够长的时间，最终你也会得到一杯纯净的水。那纯净水是什么呢？积极的、鼓舞人心的、支持性的意见和想法，那些克服困难、成就伟业的人的励志故事，成功、繁荣、健康、爱和快乐的策略，创造更多富足、成长、拓展和自我充盈的想法。这就是为什么我每个工作日都如此努力地发布《达伦每日》。我想为你提供这些例子和故事，以及你可以用来改善你对世界、你自己和你所创造成果的观感的重要启示。这也是为什么我每天早晚都会阅读 30 分钟具有启发性和指导性的文章，并在车里播放个人发展播客，在锻炼身体、遛狗和做家务的时候也是如此。我在冲洗我的杯子，投喂我的头脑。这是否让我比那些起床第一件事只知道读报纸、上下班路上听新闻广播、睡前滚动浏览晚间新闻的人更有优势？当然！对你来说也是如此。

步骤 1：站岗放哨

除非你决定躲进山洞或移居荒岛，否则你的"杯子"里就会有脏水。它会出现在广告牌上，在你穿过机场时一眼瞥到的 CNN（美国有线电视新闻网）新闻中，在你买菜结账时那本在收银台边放着的小报的哗众取宠的标题上，凡此种种，不一而足。甚至朋友、家人和你自己的负面思想也会把脏水灌进你的杯子里。但这并不意味着你不能采取措施来限制你接触这些污垢的机会。也许你无法避免在社交媒体上看到负面帖子，但你可以限制自己登录的时间。你可以拒绝在上下班途中听收音机，而改听有指导性和启发性的有声读物或播客。你可以放下手机，与你所爱的人交谈。你可以播放那些你认为真正有教育意义并肯定人生的节目推荐，并快速略过那些广告——这些广告的目的就是让你觉得自己不足或匮乏，除非你买更多的垃圾。我并不是伴随着电视长大的。我记得我看过《劲歌金曲》和《天龙特攻队》，但电视并不是我们家庭生活的重要组成部分。没有电视，我也能茁壮成长，这让我现在偶尔看个节目的时候有了更清晰的视角。当然，我在看情景喜剧时也会跟着其他人一起捧腹大笑，但笑过之后，我的感觉就像吃了快餐一样——肚子鼓胀却营养不良。我无法理解广告是如何利用我们的心理、恐惧、痛苦、需求和弱点的。如果我认为自己在生活中还不够好，所以我需要买这个、那个和其他东西，如此就万事大吉了，那我怎么能指望自己创造出惊人的成果呢？

据估计，美国人（12 岁及以上）每年看电视的时间为 1704 小时，平均每天 4.7 小时。我们醒着的时候有将近 30% 的时间在看电视，每周近 33 个小时——每周超过一整天！这相当于每 12 个月中有两个月都在看电视！哇！很多人还在想为什么他们不能在生活中出人头地？原因不是明摆着吗？

来一场"媒体节食"

媒体通过挟持用户来让自己繁荣发展。你有没有这样的经历：马路被堵得水泄不通，长龙排了几英里，导致你迟到了，却不知道到底是什么东西导致了堵车？果然，当你终于靠近时,你会发现并没有什么东西阻挡车流。前面有车祸,但车祸显然已经发生了一段时间,事故车辆已经被移到了马路边上。车流以每小时 3 英里的速度爬行,是路过的人对遇险车辆的窥视造成的!现在你真的很恼火。但当你的车经过车祸现场时会发生什么呢?你同样放慢速度,把视线转移到路边,然后伸长你的脖子!

为什么善良、正直的人会想要看到悲剧和怪诞的东西?这是我们的遗传基因决定的,可以追溯到史前的自我保护意识。我们无法控制自己。即使我们善于避免消极情绪,训练自己成为一个坚持不懈、积极乐观的人,但当涉及感官刺激时,我们的基本天性还是无法抗拒。媒体大师们深谙此道。在很多方面,他们比你更了解你的天性。媒体总是使用令人震惊和耸人听闻的标题来吸引受众的眼球。但如今,电视和广播新闻网络已不再是当年的三家,而是数百家,并且全天候播报。我们接触到的不再是几份报纸,而是无穷无尽的门户网站。争夺你注意力的竞争从未如此血腥激烈，媒体操盘者们不断提高新闻的震撼力。他们每天都会找到十几件发生在世界上最令人发指、最丑恶、最可耻、最凶残、最凄凉、最可怕的事情，并在我们的报纸、电视新闻频道和网络上一遍又一遍地刊载和播放。此外，如今任何拥有社交媒体账号的人都可以选择分享、传播和扩散负面新闻，只须点击一下按钮即可。

但在同样的24小时内，也发生了数百万件奇妙、美好、不可思议的事情。然而，我们却很少听到它们的消息。我们总是喜欢寻找负面的东西，这就造成了越来越多的需求。正面新闻怎么可能与这些负面报道所带来的收视率、份额或广告费相抗衡呢？

回到刚才那条堵车的马路。如果路边没有车祸，而是出现了你所见过的最迷人、最神奇的日落呢？那时的交通会怎样？我见过很多次。路上的车辆都以极快的速度呼啸而过，对此等美景熟视无睹。

媒体的巨大危害在于，它给了我们一种非常扭曲的世界观。因为信息的焦点和重复都是消极的，于是我们的大脑开始相信这些负面的东西。这种扭曲和狭隘的消极看法会严重影响你的创造潜力。这可能会造成严重后果。

我的个人垃圾过滤器

接下来，我将与大家分享我是如何保护自己的心智的。但我要提醒你，我的"心灵饮食习惯"是比较严格的。你可以根据自己的喜好进行调整，但这个系统对我来说非常有效。

正如你可能猜到的那样，我不看也不听任何新闻，也不订阅任何新闻出版物。反正 99% 的新闻都与我的个人生活、个人目标、梦想和抱负无关。我设置了一些 RSS 订阅源，以识别出与我的直接兴趣和目标相关的新闻和行业更新。如此一来，对我有帮助的新闻会被撷取出来，这样我就不用往自己的精神水杯里倒脏水了。当大多数人花几个小时浏览那些妨碍他们思考和摧毁他们精神的无关紧要的垃圾信息时，我每天只花不到 15 分钟的时间就能获得需要的信息。

步骤 2：注册 Drive-Time U

仅仅消除负面输入是不够的。要想朝着积极的方向前进，就必须清除负面影响，补充正面影响。没有两样东西，我就无法开车：一个是汽油，另一个是我必备的教学播客和有声读物库，供我在开车时收听。美国人平均每年驾车行驶约 1.9 万公里。这相当于 300 个小时的冲洗你的"杯子"的潜在时间！博恩·崔西教给我把汽车变成移动课堂的概念。他向我解释说，通过边开车边听教学材料，我每年获得的知识相当于高级大学学位的两个学期所授。想想吧。利用你目前浪费在收听汽车广播上的时间，你可以获得相当于领导力、销售成功、财富积累、卓越人际关系方面或者任何你选择的课程的博士学位。这一投入若与你的日常阅读相结合，将使你从一群普通人中脱颖而出——一次只需一个播客或一本书就行。顺便说一句，如果你想收听能给你带来积极反馈的博客，无论你在哪里，都可以听听《达伦每日》。我每一集都听！不是开玩笑。

人际交往：谁在影响你？

物以类聚，人以群分。与你经常往来的人可以作为你的"参照群体"。根据哈佛大学社会心理学家戴维·麦克利兰博士的研究，你的参照群体决定了你人生成败的95%。

你和谁在一起的时间最多？你最敬仰的人是谁？这两类人完全一样吗？如果不一样，为什么不一样？吉姆·罗恩教导我们说，我们会成为我们身边最常接触的五个人的综合平均值。罗恩说，我们可以通过观察身边的人来判断我们的健康、态度和收入的质量。与我们朝夕相处的人决定了我们的注意力主要集中在哪些对话上，以及我们经常接触到的态度和观点。最终，我们开始吃他们吃的东西，说他们说的话，读他们读的书，想他们所想，看他们所看，以他们待人的方式待人，甚至穿他们穿的衣服。有趣的是，很多时候，我们完全没有意识到我们和自己最亲近的"五人圈子"之间的相似之处。

我们怎么会察觉不到呢？因为你的交往对象不会突然把你推向某个方向；他们会随着时间的推移而轻微地推动你。他们的影响是如此微妙难察，就像你坐着救生圈漂浮在大海上，感觉就像在原地漂浮。直到你抬起头，才发现平缓的水流已经把你推到了一公里外的岸边。

想想你的朋友们，他们在晚餐前必点油腻开胃菜或鸡尾酒，这就是他们的常规。和他们在一起久了，你就会发现自己也会抓起芝士玉米片和炸土豆条往嘴里塞，再和他们一起多喝几杯啤酒或葡萄酒。你的步调会不知不觉间与他们一致。如果相反，你的朋友爱吃健康食品，谈论他们正在阅读的激励人心的书、他们的新目标和事业抱负，很快，你也开始吸收他们的行为和习惯，阅读和谈论他们谈论的话题，看他们感兴趣的电影，去他们推荐的地方。朋友对你的影响是潜移默化的，可能是积极的，也可能是消极的。无论哪种方式，这些影响都无比强大。小心！你不能一边和消极的人混在一起，一边却期望过上积极的生活。

那么，与你相处时间最长的五个人的平均收入、健康状况或态度的加成是多少呢？答案会吓倒你吗？如果是这样，那么要增加你所期望拥有的任何特质的潜力，最好的方法就是把你的大部分时间拿来与那些已经拥有这些特质的人相处。这样，你就会发现影响的力量如何为你服务，而不是与你作对。那些帮助朋友获得成功——你对这些成功艳羡不已——的行为和态度将开始成为你日常生活的一部分。正所谓近朱者赤，近墨者黑，与朋友相处久了，你就有可能在生活中取得类似的结果。

如果你还没有这么做，那么请写下你最常接触的五个人的名字。同时写下他们的主要特点，包括正面的和负面的。

他们是谁并不重要，可以是你的配偶、兄弟、邻居或助手。现在，把他们平均一下。他们的健康状况、大体收入、人际关系等综合衡量一下，当你看到这些结果时，问问自己："这份名单适合我吗？这是我向往的人生境界吗？"

是时候重新评估那些与你朝夕相处的人，并重新排定与其交往的优先次序了。这些人际关系可以滋养你，也可以伤害你，或者让你陷入困境。既然你已经开始仔细考虑与谁共度时光，就让我们再深入一点。正如吉姆·罗恩教我的那样，将你的人际关系分为三类是非常有效的方法，分别是：(1) 需脱离的人际关系；(2) 限制往来的人际关系；(3) 可扩展的人际关系。

需脱离的人际关系

你会防范孩子受到的不良影响，留心他们周围的人，是吧？你会意识到这些人可能会对你的孩子产生的影响，以及孩子可能因此做出的选择。我相信这一原则同样适用于你自己！你已经知道：有些人你可能需要远离，最好是从此割席断交。迈出这一步并不容易，但是至关重要。你必须做出艰难的选择，不再让某些负面因素继续影响你。确定你想要的生活品质，然后与那些能够体现和支持你这一愿景的人为伍。

我一直在自己的生活中剔除那些拒绝成长和积极生活的人。成长和改变自己是一个终身的过程。有些人可能会说我太严格了，但我希望自己能更严格一些。我曾和一个我非常喜欢的人有过业务往来，但当经济形势变得困难时，他的大部分谈话都集中在"这一切有多么可怕""他的公司受到了多大的冲击""外面的世界有多么艰难"之类话题上。我说："老兄，你别再忙着唠叨生活有多糟糕了。我听得出来，你在收集各种数据来强化自己的信念。"然而他坚持认为一切都比实际情况更糟糕、更无望。于是我决定，我们没有必要在一起做生意了。

当你做出艰难的决定，在你和拖累你的人之间划定界限时，要意识到他们会与你对抗——尤其是那些与你最亲近的人。你决定过一种更积极、更有目标的生活，这将成为一面镜子，照出他们自己的错误选择。你会让他们感到不舒服，他们会试图把你拉回到他们的水平。他们的抗拒并不意味着他们不爱你，或者见不得你的好——这其实与你一点关系都没有。这是因为他们对自己的错误选择和缺乏纪律感到恐惧和内疚。你要知道，一刀两断并不容易。

限制往来的人际关系

有些人，你可以和他共度 3 小时，但不能共度 3 天。有些人，你可以和他相处 3 分钟，却不能和他相处 3 小时。永远记住，人际关系的影响既强大又微妙。与你同行的人可以决定你是放慢脚步还是加快步伐，无论是字面意义上的还是比喻意义上的。同样，与你朝夕相处之人的主导态度、行动和行为也不可避免地会触动你。

根据这些人在与你相处过程中自我体现的方式，你可以决定你能"承受"其多大程度的影响。我知道这很难。我曾多次不得不这样做，即使是对亲密的家人。但是，我决不允许别人的行为或态度对我产生消极影响。

我曾经有一个邻居，我觉得他是那种可以相处3分钟的朋友。3分钟内，我们可以聊得很开心，但3小时内，我们就无法融洽相处了。我可以和一个高中老同学一起玩3个小时，但他不是一个能和我共度3天的人。还有一些人，我可以跟他们玩几天，但不会跟他们一起去度长假。审视一下你的人际关系吧。确保你没有和一个只能处3分钟的人相处3小时。

可扩展的人际关系

在剔除负面影响者的同时，你也要扩大交际范围。找出那些在你想要改善的生活领域具有积极品质的人——他们拥有你渴望的财务和事业成功、你想要学习的育儿技巧、你向往的人际关系，以及你热爱的生活方式。然后设法花更多的时间与他们在一起。加入这些人聚集并结交朋友的组织、企业和俱乐部。在下文中，我会给你说说我是如何驱车前往不同的城市去度过美好时光，并获得意外收获的。

在本书中，我对吉姆·罗恩可谓赞不绝口。除了我的父亲，吉姆是我迄今最重要的导师和影响者。我与吉姆的关系完美地体现了一种可扩展的人际关系。虽然我也曾多次与他共进私人晚餐，并在共同接受采访和参加活动时与他共度一些时光，但我与吉姆"相处"的大部分时间都是在车里听他讲课或在客厅里读他的文字。我花了1000多个小时接受吉姆的直接指导，其中99%是通过书籍和音频节目。令人兴奋的是，无论你在生活中处于什么境地——可能忙于照顾年幼的孩子或年迈的父母，可能长时间与没有什么共同语言的人一起工作，或者住在远离办公楼的乡下——你都可以拥有任何你想要的导师，只要他/她将自己最精辟的思想、故事和见解汇集成书、视频和播客就行。你可以从中汲取无限的财富。对此善加利用吧。现在，人们经常主动联系我的助理，希望得到我的建议或指导。而她只需告诉他们，无论身处何地，都可以通过《达伦每日》或达伦·哈迪培训库获得这些信息。

如果你想拥有更优质、更深入、更有意义的人际关系，那么问问自己："谁拥有我想要的那种关系？我怎样才能花（更多）时间与他相处？我能遇到的人中，谁对我产生了积极的影响？"让他们的光芒照耀你吧。去结交你认为在你的领域里影响最大、最出类拔萃、最成功的人。他们读什么书？他们去哪里吃午饭？这种联系如何影响你？你可以通过加入网络团体甚至网络社区来建立这些可扩展的人际关系。找到你想要效仿之人聚集的慈善组织、交响乐团和俱乐部吧。

找一个巅峰表现伙伴

另一个增加你与可扩展交往对象接触机会的方法是找一个巅峰表现伙伴,也就是一个与你同样致力于学习和个人成长的人。这个人应该是你信任的人,一个敢于告诉你他对你本人、你的态度和你的表现的真实想法的人。这个人可能是你多年的朋友,也可能是一个之前不了解你的人。关键是要获得一个公正、诚实的外部观点,当然你也要给出自己的观点。

我的长期"问责伙伴"是我的好朋友兰登·泰勒。正如我之前提到的,我们每周五都会有一次 30 分钟的通话,讨论每周的得失、修正、领悟,以及我们在成长计划中取得的进步。我对这个每周电话的预期,以及知道自己必须对兰登汇报自己一周来近况的事实,都会让我每周都格外投入。

我会记录兰登有所欠缺之处,或他需要的任何反馈,并确保在下周询问他。他对我也是如此。这样我们就能相互问责。他可能会说："好吧，你上周在这里搞砸了，你承认了，并承诺要改变。这周你做了什么？"生活就是生活。我们都是忙碌的行政高管，但让我感到惊讶的是，我们居然每周都这样做，从未失约。这并不容易。有时候，我每天都过得飞快，然后突然想起："哦，糟糕！我得做这个。"但往往在通话过程中，我会想："我很高兴我们能进行这次谈话！"即使是在为这次谈话做准备的过程中，在回想本周的得失时，我也能更好地了解自己。这周，我告诉兰登："你知道，我正在处理很多事情。我在写我的书。我有很多认识，很多领悟，但没有一件事是真正打动人心的。"他说："所以你今天没有把领悟告诉我，这是最后一次，下次可别这样了。"我一时间不知道说什么好。他又说："你不说而我说了，这样我就亏了。"言之有理。可实际上，亏的是我自己，因为我没有找出一件足以令人难忘的事情来与他分享。

如果你准备好接受，我可以在此给你一个严峻的挑战。想要真实的反馈？那就找到足够关心你的人，让他们与你坦诚相待。问他们这些问题："在你眼中我是怎样的人？你认为我的优点是什么？你认为我在哪些方面可以改进？你认为我在哪些方面妨碍了自己？我停止做哪一件事会对我有益？我应该开始做哪一件事？"

寻找导师

保罗·迈耶是我的另一位良师益友。保罗于2009年去世，享年81岁。每当我以为自己表现上佳，并因此自视甚高时，我就会去找保罗——他是我的现实检验者。他在我们碰面的短时间里所做的一切让我感到匪夷所思。我和他相处甚久。保罗收购了我的一家公司，我也帮助他的一家公司扭亏为盈。他是我生命中非常强大的精神榜样。

和保罗待上几个小时，听他讲述所有的计划、冒险和活动，我的头都会发晕。光是想弄明白他所做的一切就让我筋疲力尽。和保罗在一起的时间久了，我就想去打个盹！但是，与他的交往提高了我的境界。他走路的速度就是我跑步的速度。他拓展了我的视野，让我知道我可以玩得多大，可以有多大的野心。你必须和这样的人相处！

良师益友永不嫌多。我的朋友哈维·麦凯[1]告诉我："信不信由你，我有 20 名教练。我有演讲教练，我有写作教练，我有幽默教练，我有语言教练，等等等等。"我一直觉得有趣的是，最成功的人，真正的佼佼者，都是那些愿意聘请最好的教练和培训师并为之付费的人。为提高自身表现而进行投资是大有回报的。

寻找和"聘请"导师也不必是一个神秘或令人生畏的过程。

1　美国企业家、作家和励志演讲家，以其在商业领域的洞察力和关于销售、客户服务及企业管理的著作而闻名。——译者注

当我与肯·布兰查德[1]坐在一起进行访谈时，他解释了与导师往来的简单性："对于导师，你要记住的第一件事是，不需要占用他们很多时间。我得到过的最好的建议都是在很短的时间段内获得的，与某人共进午餐或早餐，告诉他们我在做什么，然后征求他们的意见。你会惊奇地发现，在不需要花费很多时间的情况下，成功商界人士都愿意成为别人的导师。"

约翰·伍登[2]在与我分享观点时向我强调了这一点："指导是你真正的传承。这是你能给予他人的最大遗产。它永远不会结束。这就是你每天起床的原因。教导别人，也被教导。"他继续解释说，指导也是双向的，"一个人需要对接受他人指导持开放态度。愿意让我们的生活和思想被身边的人触动、塑造和强化，这也是我们应担的道义"。

---

[1] 美国知名作家和管理学大师，特别以其在领导力和管理领域的贡献而闻名，著有畅销书《一分钟经理人》(The One Minute Manager)。——译者注
[2] 美国篮球历史上最重要和最受尊敬的人物之一。他作为球员、教练以及导师都取得了卓越的成就，尤其是在大学篮球领域。——译者注

建立自己的个人顾问委员会

为了使自己更明智、更有战略眼光、更有效地开展工作，并扩展与高瞻远瞩的领导者的接触时间，我在个人生活中建立了一个"顾问委员会"。

我亲自挑选了十几个人，这是基于他们的专业领域，拥有的创造性思维能力，以及我对他们的尊敬之情。我每周都会联系他们中的几个人，咨询他们的想法，与他们讨论，并征求他们的反馈意见。我已经开始了这个过程，我可以告诉你，我收获颇丰，甚至远远超出了我的预期！当你表现出真诚和兴趣时，人们就愿意与你分享他们的天才想法，这真是令人惊讶。

谁应该加入你的个人顾问团？请寻找那些已经取得了你所向往的成功的积极人士。记住一句格言："永远不要向你不想与之互换立场的人征求意见。"

环境：视野变了，观点也会变

当我在旧金山湾区从事房地产工作时，我在生活和工作中所接触的人非常有限。我看到同一类人在同一层次上以同一方式汲汲度日时，我发现我需要找到一个更高层次的交往圈子，才能迈向我向往的境界。

我开始驱车穿过海湾，前往地球上最富饶、最美丽的地方之一，位于旧金山北部马林县的小镇蒂伯伦。如果你去过摩纳哥，那就是蒂伯伦的样子，但后者要比摩纳哥更加古色古香。那是一个景色壮丽的地方。在那儿我会去一家令人愉悦的海鲜餐厅——码头上的山姆餐厅。那里的食物很棒，但更重要的是，这家餐厅很受当地富人的青睐。

除了去山姆餐厅扩展我的交际圈，我还会坐在码头上眺望山坡。那些坐落于悬崖峭壁之上、价值数百万美元的豪宅让我着迷。其中一栋总是特别吸引我的眼球，那是一栋蓝色的四层楼房,有电梯,屋顶还有鲸鱼形状的避雷针。"怎样的房子才算完美?"那时我经常这样问自己。如果有人能给我这些房子中的一栋,我会选哪一栋?答案总是一致——这栋美丽的蓝色房子。它的位置绝佳,视野开阔,在那片豪宅中独占鳌头。

一天早上,在这个镇上吃完早午餐回家的路上,我看到一个待售房源开放参观的标示,心想去看看会很有趣。于是我顺着标示牌指示,沿着狭窄的"之"字形街道曲折走上悬崖,沿途一个牌子接着另一个牌子。最后,我终于到达了山顶,找到了广告中的房子。当我走进去,走到一扇面向海湾的窗户前,此时我眼前的世界豁然开朗——蒂伯伦半岛的顶端、海湾对面的天使岛、伯克利和东湾、海湾大桥,以及整个旧金山的天际线,一直延伸到金门大桥,视野开阔达300度。我走到阳台上,环顾四周,赫然意识到,这就是我多年来一直远远眺望的房子!这就是那栋蓝色的房子!我当场签了合同。我梦想中的房子终于属于我了!

我不能说我在山姆餐厅遇到的某人改变了我的一生。但是，那里的环境对我产生了极大的影响。看到悬崖上的那些房子，我的雄心更加高涨，梦想也更加远大。为了实现这些梦想，我付出了常人难以想象的努力，而梦想也确实实现了！

你心中怀揣的梦想，可能要比你所处的环境更远大。有时，你必须走出那个环境，才能看到梦想的实现。这就像在花盆里种下一棵橡树苗。一旦树苗的根部把花盆占满，它的成长就会受到限制。它需要一个巨大的空间才能长成一棵参天大树。你也一样。

当我谈到你所处的环境时，我指的不仅仅是你居住的地方。我指的是你周围的一切。创造一个支持你成功的积极环境，意味着清除你生活中的所有杂物。不仅是那些让你难以高效工作的物质上的杂乱（虽然这也很重要！），还有精神上的混乱，比如你周围任何不起作用的方法，任何不再健全的东西，任何让你畏缩不前的事物。你生活中每一个不完整的片段都会对你产生消耗，像吸血鬼一样吸走你成功的能量。每一个未完成的承诺、志向和约定都在消耗你的力量，因为它们让你势头不再，停滞不前。未完成的任务会不断召唤你回到过去去处理它们。所以，想想你今天能完成什么。此外，当你创造一个支持你的目标的环境时，请记住，你容忍什么存在，你就将其带进了生活。在你生活的每个领域都是如此，尤其是在你与家人、朋友和同事的关系中。你决定容忍什么，也会反映在你现在的生活状况和环境中。换句话说，你在生活中会得到你所接受的东西、你觉得自己应得的待遇。如果你容忍不尊重，你就会受到不尊重。如果你容忍别人迟到、让你等待，别人就会迟到、让你久等。如果你容忍工资过低、工作过度，那么这种情况就会继续存在。如果你容忍自己的身体超重、疲惫，病痛不断，那它就会如此。

你会惊奇地发现，生活是如何按照你为自己设定的标准来组织的。有些人认为他们是他人行为的受害者，但实际上，我们可以控制别人如何对待我们。维护好你的情感、精神和身体空间。这样你就可以平静地生活，而不是对这个世界给你带来的混乱和压力逆来顺受。

如果你想培养一种有规律的日常节奏和一贯性，让大势始终与你同在，你就必须确保你的环境能够迎合并支持你，让你成为世界级的人物，做世界级的事，并表现出世界级的水平。

既然谈到了"世界级的水平"，那么在下一章中，我想帮你把迄今为止所学到的所有知识融会贯通，并告诉你加速取得成果的秘诀。只须稍稍付出多一点的努力，就能取得大得多的成绩，这可能让人觉得有点像作弊，或者是一种不公平的优势。但谁说生活是公平的呢？

让复利效应为你所用

简要行动步骤

● 确定媒体和信息的输入对你生活的影响。确定你需要保护你的心灵免受哪些信息的影响,以及如何让你的心灵经常充满积极、振奋和支持性的信息。

● 评估你目前的人际关系。你可能需要进一步限制与谁的联系?你可能需要与谁完全断绝关系?你需要制定扩大人脉的策略。

● 选择一位巅峰表现伙伴。决定你们将在何时、在哪些方面对对方负责,以及希望对方在每次谈话中提出哪些想法。

第 6 章
加速

当我住在加利福尼亚州海滨社区拉霍亚的时候，我会经常骑自行车在索莱达山上直行两英里，以锻炼身体和考验意志。很少有什么事情能比不加停歇地骑行爬上陡峭的山坡更能让你承受痛苦和折磨了。在到达某一点时，你会"撞墙"，你会面对自己真正的内在性格。突然间，你对自己的所有预测和看法都被剥离，只剩下赤裸裸的真相。你的大脑开始编造各种方便的借口，解释为什么可以停下来、不再坚持。这时，你就会面临人生最重大的问题之一：你是忍痛继续前进，还是像核桃一样自我分裂并就此放弃？

2018 年参加波士顿马拉松比赛时，德西蕾·林登曾认真想过放弃比赛。当时天气潮湿，下着雨，气温是 30 年来最冷的。德西蕾确信自己没有喝足够的水，害怕腿抽筋。

德西蕾告诉她的美国同胞沙兰·弗拉纳根，自己可能会退出比赛，所以如果她需要什么，比如需要有人为她跑在前面挡风，沙兰最好在她退出前尽快告诉她。

比赛中，沙兰拉了拉德西蕾，告诉她自己要去洗手间。德西蕾跟她一起放慢了速度，并承诺在她返回并重新加入领先队伍之前不会放弃比赛。

尽管气温极低，雨下得更大，而且还得顶风跑，德西蕾还是帮助沙兰回到了队伍的前列。这时她才意识到自己排在第三或第四名。"我想，也许我不应该退赛。所以我继续往前跑。我感觉很痛苦，但当你振作起来，忘记自己的感受，只是投入地跑上一会儿，就能扭转一切。"德西蕾在赛后采访中解释道。

沙兰随后显出了疲态,但德西蕾继续向前冲。不过她若想获胜,仍然要追上在她前面的埃塞俄比亚长跑名将马米图·达斯卡,后者是迪拜和休斯敦马拉松赛的冠军。马米图在前半程就脱离了领跑队伍,独自领先达30秒。

这时,德西蕾·林登孤身一人,浑身湿透,冷入骨髓,双腿开始抽筋,还顶着每小时10英里的逆风。终于,她在第21英里时超过了马米图,以2小时39分54秒的成绩冲过终点线,成为33年来第一位赢得波士顿马拉松赛冠军的美国女子选手。

在本章中,我想和你谈谈那些关键时刻,以及复利效应如何帮助你突破自我,取得比想象中更快的成功。当你做好准备、不断练习、不断学习,并持之以恒地付出必要的努力时,你迟早会迎来自己的关键时刻。在那一刻,你将确定自己是谁、将成为什么样的人。正是在这些时刻，我们才能成长和进步。这决定了我们是向前迈进，还是退缩不前；是登上领奖台的顶端，夺得奖牌，还是泯然众人，只能在台下为他人的胜利闷闷不乐地鼓掌。

我们还将看看你如何能够让自己的表现持续地超出人们的期望，从而进一步让你的好运复利倍增。

关键时刻

"这应该很难。"德西蕾·林登在赢得波士顿马拉松比赛后告诉记者。

就在一年前，她几乎完全放弃了跑步。她告诉播客"只是一个游戏"的主理人："我一点激情都没有。"那时德西蕾在一次比赛中遭遇了可怕的经历，心力交瘁。她担心自己的成绩配不上这项她真正热爱的运动。

2017 年 8 月，德西蕾完全没有跑步，这就好比 NBA 球星斯蒂芬·库里整整一个月没有踏上篮球场，橄榄球明星阿隆·罗杰斯整整一个月没有碰橄榄球，或是塞雷娜·威廉姆斯整整一个月没有拿起网球拍。

但后来，德西蕾又开始跑步，起初跑得很慢，但很快她就重拾了自己对跑步的热爱。"我喜欢比赛。我决定不把注意力放在成绩上，我的做法是，只要去尝试打败一些人就好了。"几个月后，德西蕾在波士顿赢得了她的第一个大型马拉松赛冠军。

我从事房地产行业时，每天都会碰壁好几次。比如在驱车前往一个过期的挂牌房产时，或者在被最后一个潜在客户回绝之后，我就会开始想出各种借口，好让自己放弃拨打销售电话，直接赶回办公室。有时在小区里向住户兜售房产时，住户的狗会对我咆哮。有时天好像要下雨了。有时在"赚钱时间"（下午 5~9 点，电话推销时间），我经常会因为打扰了别人的晚餐或最喜欢的电视节目而挨上一通臭骂。这些时候，我确信自己需要休息一下，会上个厕所或喝杯水。但我并没有放弃，每当我遇到这种心理和情绪上的"撞墙"经历时，我就会意识到我的竞争对手也面临着同样的挑战。我知道这又是一个关键时刻，如果我坚持下去，我就会领先他们。这就是你获得成功和进步的决定性时刻。当我只是随大溜，只是向多数人看齐，但并没有真正领先时，这样的经历算不上困难、痛苦或具有挑战性。真正重要的不是撞墙本身，而是你撞墙之后做什么。

著名橄榄球教练卢·霍尔茨知道，胜利只有在你竭尽全力之后方能取得。在一场比赛中，他的球队在中场休息时以 0∶42 落后。中场休息时，卢向队员们展示了一系列戏剧性的精彩录像片段，其中包括一些球员第二次努力阻挡、擒抱和回追球的过程。然后他告诉球员，他们之所以能加入他的麾下，并不是因为他们可以在每场比赛中全力以赴——每支球队的每名球员都会在每场比赛中全力以赴——而是因为他们有能力在每场比赛中做出最关键的额外努力。拼尽全力之后的这份额外努力，才是决定胜负的关键。结果，他的球队在下半场逆转取胜。胜利就是这么来的。

穆罕默德·阿里是有史以来最伟大的拳击手之一，这不仅是因为他的速度和敏捷，还因为他的策略。1974年10月30日，在扎伊尔（现刚果民主共和国）首都金沙萨举行的一场重量级拳击比赛"丛林之战"中，阿里击败乔治·福尔曼重登重量级拳王宝座，这场比赛也成为拳击史上最大的逆转之一。赛前几乎没有人相信这位前拳王有机会获胜，就连阿里的长期支持者霍华德·科塞尔也不例外。乔·弗雷泽和肯·诺顿都曾击败过阿里，而在乔治·福尔曼与这两人的交战记录中，他仅在第二回合就将两人击倒。阿里的策略是什么？那就是利用年轻拳王的弱点——缺乏耐力。阿里知道，如果他能让福尔曼濒临"撞墙"，他就能占据优势。因此阿里想出了后来被称为"倚绳战术"的策略。阿里背靠在围绳上，护住自己的脸，而福尔曼在七个回合中打出了数百拳却无功而返。到第八回合福尔曼已经筋疲力尽，他"撞墙"了。就在这时，阿里在拳击台中央用组合拳击倒了福尔曼。

还记得德西蕾·林登当时面临的情境吗？在起跑线上，温度非常低，很多运动员在衣服外面多穿了一个围兜。当时阵风风速达到每小时 35 英里。没有好天气，很多运动员所指望的"大部队"变得稀疏和分散。林登告诉"只是一个游戏"："这太糟糕了，简直是滑稽。雨水扑面而来。刚跑出去一分钟就浑身湿透了。而我们还有几个小时的时间要跑。"

但是，德西蕾顶风冒雨，从众多精英选手中脱颖而出。她跑过了芬威公园和肯摩尔广场等地标性建筑，最后满怀豪情地完成了比赛。虽然条件艰苦，但这是德西蕾战胜一切困难的一天。

形势大好之时,一切都很容易,没有事情让你分心,没有人打扰你,没有任何诱惑,没有任何事物扰乱你的步伐。可到了情况困难、问题出现、诱惑巨大时,你才有机会证明自己具备进步的资格。正如吉姆·罗恩所说:"不要希望事情变得更容易,而是要期望自己变得更好。"

当你在贯彻纪律、塑造常规、寻找节奏和持之以恒的过程中"撞墙"时,要意识到这正是你与旧我分离、翻越那堵墙,发现更强大、更成功、迈向更大胜利的自己的时候。

倍增成果

我这里给你准备了一个激动人心的机会。我们已经讨论过简单的纪律和行为如何随着时间的推移而产生复利效应,为你带来惊人的结果。如果你能加快这个过程,使你的成果倍增,那会怎么样呢?你有兴趣吗?我想让你看到,多付出一点努力如何能成倍地提高你的成果。

比方说，你在进行负重训练，训练计划要求你对某一重量做 12 次重复训练。现在，如果你做了 12 次，你就达到了计划的要求。干得好。只要坚持不懈，最终你会发现这种纪律性会为你带来复利倍增效果。然而，如果你做了 12 次后，即使你感觉已经到了身体的极限，但只要再做 3~5 次，这组动作对你的影响将是原来的数倍。你可并不是只在锻炼总量中增加几次动作而已。绝非如此。那些在你达到最大次数后做的动作会让你的效果倍增。你已经突破了极限。之前的动作只是让你达到了极限。真正的成长发生在你到达极限后所做的事情上。

阿诺德·施瓦辛格以一种名为"作弊原则"的重量训练方法而闻名。阿诺德是个追求技术完美的人。他认为，一旦你以完美的姿势达到了最大举重次数，可以调整手腕或向后倾斜，让其他肌肉辅助主要发力肌肉（稍稍作弊一下），就能让你再多做五六次动作，这将大大提高该组动作的效果。你也可以通过找一个锻炼伙伴，让他协助你完成你自己无法完成的最后几次动作来达到这个目的。

如果你是跑步爱好者,你就会了解这种体验。你达到了当天为自己设定的目标,并感受到了肌肉的酸痛。你已经到了极限,快要"撞墙"了,但你还想再跑得更远一点、更久一点。这个"更远一点"实际上是对你的极限的巨大扩展。如此,你便将单次跑步的效果成倍增加了。

就拿我们在第一章中提到的"神奇的一分钱"来说吧,它每天都会翻倍,向你展示小小复利行动的结果。如果在这31天里,你每周只将这一分钱再多翻一番,那么这一分钱的复利结果将是1.71亿美元,而不是1000万美元。同样,你只要在一个月里抽出4天多付出些许努力,结果就会是原来的好几倍。这就是"只比预期多做一点点却能收获多得多的成果"这种行为背后的数学原理。

将自己视为自己最强劲的竞争对手,是事半功倍的最佳方法之一。当你"撞墙"时,超越自己。倍增成果的另一种方法是超越别人对你的期望——做得比"足够"更多。

超越期望

奥普拉·温弗瑞以善用这一原则而闻名——她的慷慨,还有她在生活与工作方面展现的能力,都大大超出了人们的期望。你还记得她是怎么推出第 19 季《奥普拉脱口秀》的吗?说到奥普拉,她本身就已经是备受关注的人物,但她还是让所有人大吃一惊。在那一季开播之后的几天里,媒体和观众谈论的都是她。

让我们花几分钟时间回顾一下当时的情景……现场观众之所以被选中,是因为他们的朋友和家人写信给节目组,说这些人都急需一辆新车。奥普拉在节目开场时叫了其中 11 个人上台。她送给他们每人一辆车——庞蒂亚克 G6。然后是真正的惊喜:她向其他现场观众分发了礼盒,说其中一个礼盒里有第十二辆车的钥匙,这已经超出了所有人的预期。但当观众打开自己的礼盒时,发现每个人的盒子里都有一串钥匙。这时奥普拉尖叫道:"每个人都有一辆车!每个人都有车!"

虽然这可能是她最著名的例子,但奥普拉所做的大多数事情都超出了我们的预期。在其他节目中,奥普拉给了一个在寄养家庭和收容所度过多年岁月的20岁女孩一个惊喜,让她获得了四年的大学奖学金、一次改头换面的机会和价值1万美元的服装。此外,她还为一个有8个寄养孩子,即将被房东扫地出门的家庭提供了13万美元,用于购买和修缮他们居住的房屋。

现在你可能会说,是啊,但她是奥普拉,她当然能做到这些事。但事实上,像奥普拉这样有财力和名气的人大有人在,他们也能做这些事,但却从未达到如此非凡的境界。奥普拉做到了。这就是奥普拉的魅力所在。向她学习,在生活的方方面面，你都可以做到超出预期。

在向我的妻子乔治娅求婚的时候，我本可以按照一般人的预期做法去行事——见她的父亲，请他把女儿嫁给我。但我决定用葡萄牙语准备我的求婚词（我让乔治娅的姐姐翻译了我想说的话），以此表达对她父亲的尊敬。他能听懂英语，但并不完全适应。从圣迭戈到洛杉矶，一路上我都在排练这些话。我捧着鲜花和礼物走进乔治娅的家门，请她父亲到客厅和我们一起坐。然后，我发表了背熟的求婚词。经过未来岳父的一番盘问，他终于说："好！"

但我并没有就此止步。在回来的路上以及接下来的几天里，我给她的 5 个哥哥一一打了电话，也请求他们祝福我加入这个大家庭。有些人很容易被说服，有些人则要我"努力争取"。关键是，她后来告诉我，我求婚的最特别之处在于我是如何尊重她的父亲，以及我是如何给她的每个哥哥打电话的（还让她姐姐教我葡萄牙语）。这让我的求婚显得格外特别。这种额外的努力得到了成倍的回报。

在生活中，在哪些领域中当你"撞墙"时，可以做得比预期更多？或者说，你能在哪些领域让人刮目相看？这并不需要花很多工夫，只要一点点额外的努力就能让你的成果倍增。无论你是打销售电话、服务客户、表彰团队、赞美配偶、跑步、做卧推，还是计划约会之夜、与孩子共享时光……你能做什么额外的小事来超出他人预期，并加速取得成果？

做出人意料的事

我天生就是个逆向思维者。如果你告诉我大多数人在做什么，现在流行什么，我通常会反其道而行之。如果每个人都朝左，那我就偏朝右。对我来说，流行的东西就是平庸，就是普通。普通的东西只会带来普通的结果。最流行的餐厅是麦当劳，最流行的饮料是可口可乐，最流行的啤酒是百威，最流行的葡萄酒是芳丝雅（对，就是那种箱装的！）。喝了这些"流行"的东西，你就是随大溜的普罗大众中的一员。但你只能止于平凡。平凡没什么不好。我只是更喜欢追求非凡。

例如，每个人都会寄圣诞贺卡。但在我看来，既然大家都这么做，那就不会对接收者产生什么情感上的触动。所以我选择寄感恩节贺卡。你收到过多少张感恩节贺卡？没多少吧？这就叫独树一帜。我不会用大量印刷、电脑生成的印着"最美好的祝愿"之类的贺卡，而是手写个人感言，表达我的感激之情，以及他/她对我的意义——同样是寄卡片，却能产生更大的影响。

Lady Gaga 的演艺事业就是建立在出人意料的基础上的。2011 年，她声称自己曾在一个超大的半透明鸡蛋里睡了 72 个小时，以便进行"创造性的胚胎孵化"。谁能忘记她在 MTV 音乐录影带大奖颁奖典礼上穿的肉色裙和雪地靴呢？

老实说，我并不关注名人和颁奖典礼，但就连我都知道这件事。最重要的是，尽管 Lady Gaga 的流行形象在不断演变，但她的艺术魅力始终如一。她总能让我们发出"哇！"的惊叹，正是这份额外的努力让我们关注她所做的一切。

很多时候，额外的努力并不会多花多少金钱或精力。我在销售房产时，其他经纪人会在过期房源出现时打电话询问卖家。相反，我却开着车直接前往房主家，亲手递上一个"已售"的牌子。当房主打开门时，我会说："收下这个吧。如果你雇我接手这个房源，你会需要它的。"我只是多加了一点汽油，立即就成倍地增加了拿到房源的机会。

前不久，我的朋友亚历克斯在应聘一份重要的工作。他住在加利福尼亚州，而那份工作在波士顿。他是最后 12 名候选人之一。招聘方打算当面面试本地候选人，并通过视频会议面试外地候选人。他打电话给我，问我是否知道如何通过网络摄像头召开视频会议。

"你有多想要这份工作?"我问他。

"这是我梦寐以求的工作,"亚历克斯告诉我,"我花了45年时间准备所做的一切,就是为了这样一份工作。"

"那就坐飞机亲自去。"我说。

"没必要,"亚历克斯说,"他们只要求最后入围的3名面试者飞到当地参加最后面试。"

"听着,"我对他说,"如果你想成为最后那3名入围者之一,你就应该做一些出人意料的事,从而脱颖而出。只是因为接到一则面试通知,就飞越整个美国,亲自到场。这样才能让人眼前一亮。"

如果我锁定了某个目标,我就会全力以赴,确保成功。我采取的是所谓"震慑效应"。在这次求职过程中,我建议亚历克斯使出浑身解数——从各个可能的方面发起攻击，并且不屈不挠。

"调查所有招聘官，"我告诉他，"了解他们的兴趣、爱好、孩子的爱好、配偶的爱好、邻居的爱好等。给他们寄去你认为他们可能会喜欢的书、文章、礼物和其他资源。这样做是不是有点过了？是的，但这就是重点。他们会知道你是在讨好他们，但他们会欣赏你的魄力和创意——你肯定会引起他们的注意，很可能还会得到他们的尊重。"然后我继续说道："调查那个组织里的所有人。把这份名单拿给你的整个人际网络，看看他们是否认识这个组织里的某个人。在领英数据库中搜索每一个名字。找到几个可以搭上线的人。与他们交谈，请他们为你美言几句。给他们送礼物、寄便条和其他东西，请他们亲手交给招聘官。在这个过程中，给他们打电话、发邮件、发短信、发微博、上脸书……"这会不会过于激进？当然会！但是，一位导师很早就告诉我："你可能会因为过于咄咄逼人而失去 1/5 的机会，但你会得到另外 4/5！只要别太过火就好。"

顺便说一句，亚历克斯没有采纳我的建议，他也没有得到这份工作。他甚至没能进入最后三强。我可以明确地说，他比那个组织最后聘用的人要强得多，但亚历克斯没能给组织留下深刻印象，这让他失去了梦寐以求的工作。

前不久，我担任董事会成员的一家公司需要一位国会议员在一项立法上签字，这项立法关系到这家公司能否推进一个重要项目。这家伙坚持不让步，不是因为实际问题，而是因为他对其他公开支持这个问题的人别有政治用心。我没有再徒劳地恳求他，而是建议公司去找他的"上司"（他的妻子）谈谈。

我们通过人脉找到了他妻子的一个朋友。然后我们在她参加教堂礼拜时在教堂外面等她，并请她的朋友介绍我们。我们向她解释了我们的重要事由，即在一个贫困社区建立一个课后活动设施，如果她的丈夫愿意支持，这将影响数百名儿童的生活。不用说，他在下一周的周二就签了字，公司也拿到了项目。

在我们这个注意力缺失、宣传饱和的社会，有时需要做一些出人意料的事情，才能让别人听到你的声音。如果你有一个值得关注的事业或理想，那就尽你所能，甚至出其不意，让你的声音被听见吧。你得在你的表演中加入一点胆识。

做超越预期的事

找到人们期望的界限，然后超越它。即使是在小事上，或者说，尤其是在小事上。例如，无论我认为某个活动的着装标准是什么，我总是选择至少比它高出一档。当我对着装没有把握时，我总是会选择比我认为该场合的标准更好的着装。我知道这很简单，但这只是我努力达到标准的一种方式，即总是做得比预期更好。

当我为大公司做主题演讲时，我会花大量时间做准备——了解他们的组织、产品、市场以及他们对我演讲的期望。我的目标始终是大大超出他们的预期，而我通过细致准备来做到这一点。做得比预期更好，这将成为你声誉的重要组成部分。你的卓越声誉会使你在市场上的业绩成倍增长。

我曾与企业家马克·斯帕克斯合作过一个项目。从那时起，我学到了一个非常有价值的理念。他总是在合同承诺的前几天就付款给别人，包括他的销售商和供货商。当我在每月 27 日收到他寄来的下月付款支票时，我总是大吃一惊。当我问他时，他说了一番明显的道理："虽然是同样的钱，但提前付款给收款人带来的惊喜和给你自己带来的商誉是无法估量的。既然如此，为什么不这样做呢？"

这就是为什么我通过联邦快递将奖金支票寄给我的最佳团队。他们每月的正常报酬会以电子方式存入他们的账户。但是，当我们达到一个奖金追加的里程碑时，我就会把他们的奖金支票打印出来，然后连同我亲笔写的便条一起装进一个颇具特色的联邦快递信封，连夜送到他们家门口。这样，全家人都可以分享和庆祝他们的妈妈或爸爸的成就。正如马克所说："虽然是同样的钱，但提前付款给收款人带来的惊喜和给你自己带来的商誉是无法估量的。既然如此，为什么不这样做呢？"

诺德斯特龙百货商店以类似的标准而闻名。在客户服务方面，他们总是努力做到超越预期。众所周知，诺德斯特龙会给顾客一年多前购买的商品退货，即使没有收据，有时这些商品甚至是在另一家商店购买的！他们为什么要这样做呢？因为他们知道，超越顾客的期望可以建立信任，并创造顾客忠诚度。因此，诺德斯特龙建立了非凡的声誉，不断吸引着人们的目光。别的不说，我在这里不就在对你夸奖他们的服务吗？复利效应还在发酵！

我在此向你提出挑战，在你的生活中，在你对日常习惯、纪律和常规的培养中，采用这些理念。多花一点时间、精力或心思，再多努力一点，这不仅会提高你的成绩，还会让你的成绩倍增。要想成为非凡人物，只需付出少许的额外努力。在你生活的各个领域，寻找倍增的机会，你可以走得更远一点，更努力一点，坚持得更久一点，准备得更充分一点，付出得更多一点。你能在哪些方面做得比预期更好、更多？什么时候你可以做到完全出乎意料？尽可能多地寻找让别人惊叹的机会，届时你取得成就的水平和速度会让你和你周围的所有人都大吃一惊。

让复利效应为你所用

简要行动步骤

● 你什么时候会遇到关键时刻（例如，打推销电话、锻炼身体、与配偶或孩子沟通）？找出这些关键时刻，你就能知道什么时候应该撑过考验，实现新的成长，也知道在何种情形下，你可以战胜旧我、卓尔不群。

● 在你的生活中找出三个你可以付出"额外"努力的领域（例如，举重次数，销售电话，获得认可，表达感激之情，等等）。

● 在你的生活中找出三个你可以超越期望的领域。你可以在何处，又如何创造惊叹时刻？

● 找出三种你可以出人意料的方法。你在哪些方面可以让自己独树一帜、鹤立鸡群、超越预期？

结语

如果学习却不能实行，那学习便无用处。我写这本书并不是为了自娱自乐（这是一项艰苦的工作！），甚至也不是为了单纯地"激励"你。没有付诸行动的激励之词只是在自欺欺人罢了。正如我在引言中所说，复利效应在你生活中体现出来的成果是货真价实的。你再也不会一厢情愿地奢望成功的馅饼会砸到你头上。复利效应是一种工具，只要与一贯的积极行动相结合，它就会给你的生活带来持久的改变。请让本书及其理念成为你的指南。让这些理念和成功策略融入你的生活，为你带来真正的、切实的、可衡量的成果。每当你意识到一些看似无害的小小坏习惯又悄悄卷土重来时，请拿出这本书。每当你在持之以恒的道路上跌倒时，请拿出这本书。每当你想重新激发你的动机、增强你的动力时，请拿出这本书。每当你阅读这本书时，大势便会悄然来到你的身边。

让我与你们分享一下激励我前行的动力吧。我人生的核心价值观是影响力。我的渴望是积极改变他人的生活。为了实现我的目标，我便需要你们先实现你们的目标。我所追求的正是你们对改变生活的成果的见证。我和我的最佳团队希望收到你们的电子邮件或信件，并告诉我们你通过从这本书中获得的想法而取得的令人难以置信的成就。只有这样我才能知道我是否已经实现了我的目标，达成了我的目的，知道我并未辜负我的人生核心价值。

为了让你获得这些成果（也为了我的见证），我相信你必须根据你的新洞察和新知识立即采取行动。没有被投资的想法只是白白浪费。我不希望这种情况发生。现在是时候将你的新信念付诸行动了。你现在拥有了力量,我希望你能抓住机会!

你已经准备好做出重大改进,对吗?当然,答案显而易见,"是的!"但你现在已经知道,嘴上说准备好改变,和真正付诸行动并不是一回事。要想获得不同的结果,你就必须以不同的方式做事,选择成为非凡之人。

无论你读到本书时身在何处,身处何年,如果可以,我想问你以下简单问题:

"回顾五年前的生活。现在的你是你当时想象中五年后将要成为的样子吗?你是否改掉了曾经发誓要改掉的坏习惯?你的身材达到你的理想了吗?你是否拥有你期望的丰厚收入、令人羡慕的生活方式和个人自由?你是否拥有健康的身体、充实有爱的人际关系和你所期望拥有的世界一流技能?"

如果没有,为什么?答案很简单——你的选择。是时候做出新的选择了——选择不让未来五年成为过去五年的延续。选择就此永远改变你的人生。

让我们一起努力，让你未来五年的生活与过去五年截然不同！我希望你现在已经不再被蒙蔽，希望你已明晰了获得成功的真相。你不再有任何借口。像我一样，你也会拒绝被最新的噱头所迷惑，或被速成的诱惑所干扰。你将专注于简单而深刻的纪律修炼，这些修炼将引领你朝着自己的愿望前进。你知道成功不是一蹴而就的。你明白，当你致力于时刻做出积极的选择时（尽管没有明显或立竿见影的效果），复利效应也将把你推向一个令你自己震惊，令你的朋友、家人和竞争对手难以置信的高度。

当你明晰自己的动力之源，并始终如一地坚持你的新行为和新习惯时，你便能乘势前行。如果能够因势利导，将自己的积极行动一以贯之，那你接下来的五年就不可能再一成不变了。恰恰相反，当你将复利效应运用到你的工作中时，你将体验到你目前无法想象的成功，这一点我敢打赌！这将是不可思议的。

我还有一条宝贵的成功原则要传授给你。我发现，无论我在生活中想要什么，获得它的最佳途径就是将我的精力聚焦于为他人付出之上。如果我想增强自信，我会想办法帮助别人增强自信。如果我想让自己更有希望、更积极、更有灵感，我就想方设法把这些注入别人的生活。如果我想让自己更成功，最快捷的方法就是去帮助别人获得成功。

帮助他人、慷慨奉献你的时间和精力，将会产生涟漪效应，你将成为你个人善行的最大受益者。为了立即践行这一理念，如果你觉得本书很有价值，请考虑给你关心的 5 个人分别赠送一本，期待他们取得更大的成功。受赠者可以是你的亲戚、朋友、团队成员、供应商、你最喜欢的本地小企业主，或者是你刚刚结识并希望给他们的生活带来显著变化的人。我向你保证：最终受益最大的将是你自己。帮助别人找到获得更大成功的想法，是你在自己的生活中践行这些想法的第一步。与此同时，你也会给他人的生活带来显著的改变。这本书可能会永远改变一个人的人生轨迹……而把这本书送给他的人可能就是你。没有你，他可能永远也发现不了这本书。

写下你想把这本书送给哪 5 个人：

(1) _____

(2) _____

(3) _____

(4) _____

(5) _____

感谢你抽出宝贵的时间与我分享！我期待读到你的成功故事。

祝你成功！

达伦·哈迪

致谢

我要向我在成功媒体行业和《成功》杂志的前团队成员致以诚挚的谢意，感谢他们在 2010 年《复利效应》初版发行时给予我的支持……

感谢多年来与我共事并让我受益良多的众多杰出个人发展专家，以及许多我有幸采访并汲取他们的思想、洞见和策略以便能够将这些与你们分享的世界级领军人物……

感谢那些勇敢无畏的成功者，那些选择卓尔不凡之人，那些挺身而出、超越自我、努力做到日进一小步的人，那些在每个工作日的早晨在《达伦每日》上露面，只为进一步成长、获得更大影响、追求卓越的人——永远感谢你们……

感谢我才华横溢、热忱奉献的最佳团队，正是凭借他们的人格力量、坚毅勇气和不懈的决心，我们的工作才能每年影响着超过 16 亿人的生活……

最后，也是最重要的一点，感谢我美丽而出色的妻子乔治娅，她牺牲了许多本该有我陪伴的深夜和周末，让我能够打磨自己的作品，其中也包括这本《复利效应》十周年特别版。

THE COMPOUND EFFECT

复利效应
实战手册

21天见证
一个更好的自己

列出一个你最想养成的好习惯,
和一个你最想停止的坏习惯,
在接下来的21天里,每天进行跟踪,
写下你的进展和观察。

· 最想养成的好习惯 ·

· 最想停止的坏习惯 ·

答应自己,从今天就开始。

Day 1

复利效应最具挑战性的一点是,在我们开始看到回报之前,我们必须持续而有效地努力一段时间。

Day 2

通往成功的唯一途径,就是一系列单调乏味、平淡无奇,有时甚至是困难重重的日常修炼,日积月累,水滴石穿。

Day 3

当你能让复利效应为你所用时,你就能实现梦寐以求的成功,过上向往的生活,活出精彩的人生。

Day 4

从本质上讲,你做出选择,然后你的选择造就你。
每一个决定,无论多么微不足道,都会改变你的人生轨迹。

Day 5

对于大多数人来说,经常做出的看似无关紧要的微小选择才是我们应当重视的。

Day 6

> 如果我始终对我所经历的一切负起百分之百的责任，对我的所有选择和我对发生在自己身上的一切事情的所有反应方式完全负责，我就拥有了力量。

Day 7

我们其实都很幸运。只要你还活在世上，拥有健康的身体，橱柜里还有一点食物，那你就是无比幸运的。

Day 8

你看不到你不去寻找的东西，你也找不到你不相信的东西。

Day 9

不要忽视小事，
因为正是这些小事，才让你生命中的大事成为可能。

Day 10

正是这些最细微的自律在历经时日后使你得到回报,这些平日里被忽略的努力和准备将助你取得巨大胜利,结出丰硕的成果。

Day 11

每一个伟大的行动,每一次奇妙的冒险,都是从一小步开始的。第一步看起来总是比实际要难。

Day 12

大多数人在生活中随波逐流,
从不曾有意识地投入大量精力去明确自己想要什么,
以及需要做些什么才能实现这些目标。

Day 13　　　　有时，强烈的负面情绪或经历更能帮助你创造出更震撼、更成功的结局。

Day 14

我们都可以夺回人生的掌控权,不再把结果归咎于机会、命运或任何人。我们有能力创造改变。

Day 15

当你把自己的创造力组织起来,集中到一个明确的目标上时,一些近乎神奇的事情就会发生。

Day 16

就像高容量低营养的食物会让身体发胖一样,高容量低营养的信息也会让脑袋爆炸。

Day 17

如果我认为自己在生活中还不够好,
所以我需要买这个、那个和其他东西,如此就万事大吉了,
那我怎么能指望自己创造出惊人的成果呢?

Day 18

朋友对你的影响是潜移默化的，可能是积极的，也可能是消极的。无论哪种方式，这些影响都无比强大。

Day 19

当你做出艰难的决定,在你和拖累你的人之间划定界限时,要意识到他们会与你对抗——尤其是那些与你最亲近的人。

Day 20

你心中怀揣的梦想,可能要比你所处的环境更远大。有时,你必须走出那个环境,才能看到梦想的实现。

Day 21　　　　　　　　　　　　当你做好准备、不断练习、不断学习，
　　　　　　　　　　　　并持之以恒地付出必要的努力时，你迟早会迎来自己的关键时刻。

21天结束了，
我的改变是：

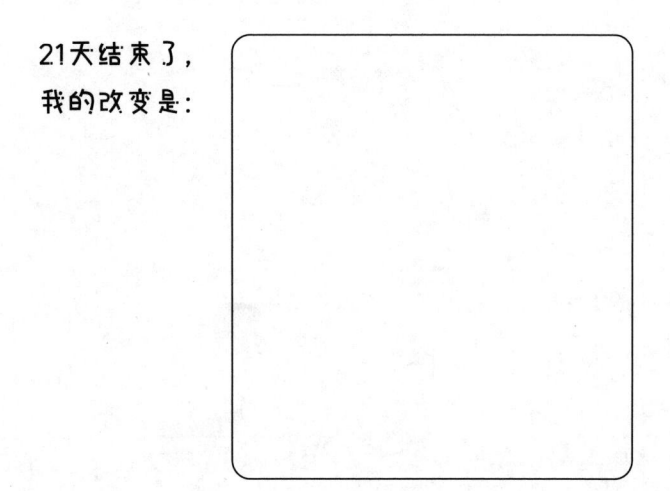